后浪

小学堂 026

# 哈佛的 6 堂
# 独立思考课

## 精英们都在学的自我意见建立法

[日] 狩野未希 ——— 著

陈娴若 ——— 译

江西人民出版社
Jiangxi People's Publishing House
全国百佳出版社

# 序

"你问我该怎么做？这种事你得自己想啊。"

"你说的我都懂，可是你说的话一点说服力也没有。"

"棋差一着啊。你事前仔细考虑过了吗？"

这些话，你是否感到似曾相识呢？面对某个议题，能提出自己独特的观点；想出崭新的方案，应对意外事态发生，让自己的意见具有说服力。若不能"认真思考"，就没办法达到上述的要求。但是，"认真思考"，也就是"彻底思考"，该怎么做呢？用什么样的流程来思考一件事，才叫作"彻底思考"呢？

答案就在本书中。在日本接受教育的人不懂如何彻底思考的技巧。因为，日本学校的教育重心是"标准答案主义"，几乎不会教导学生尊重每个人的"答案"或"意见"。

写作、数学、物理、化学、社会，还有英语，这些在学校里老师都会教我们，但不知为什么却没有教我们如何提出自己的意见，或是对没有标准答案的问题提出自己的答案。但是，毕业之后，社会却要求我们具备"用自己大脑思考的能力"，但我们从前几乎没有训练过这种能力，这不是很过分吗？

另一方面，我们把眼光转向在国际上获得成功的人们，他们每个人都有自己明确的意见，也学习了彻底思考的技巧。这是他们所接受的教育的缘故。很多被称为精英的人都在美国或欧洲的优秀学府学习过，他们在那里学到的就是如何"彻底思考"。

美国的高中，从二十几年前就已将本书中所介绍的批判性思考（critical thinking）带入了课堂。

批判性思考，简而言之，就是"扎实并独立的思考方法"。批判性思考并不是自以为是，而是为了提出全面的"独立答案"或"意见"所必须具备的技巧。在一些英美国家，从小学就教授这种技巧了。

本书将以欧美学校中的教学方法为辅助，将日本学校没教过的"彻底思考能力"用简单易学的方法传授给成年人尤其是商务人士。我将会以美国哈佛大学提倡的"思考诀窍"及批判性思考为主干，根据个人经验整理成思考方法。读过本书之后，你便能了解如何思考一件事的实践过程。

我在大学教授"彻底思考能力"将近 20 年，深深感觉欧美国家尤其是美国"彻底思考"的教学成果卓著。在国际舞台上活跃的人士都在年轻时期学过这项技巧，并把它当作武器。因而，我也盼望有更多商务人士能掌握这项能力。

**狩野未希**

# 目　录

# Last
Lesson

## 发现"问题"是"思考"的开始

# 建立自我意见的"思考顺序"表

## Step 1 深入理解

（深入理解的 4 个步骤）
□检查自己能否理解。
□不能理解的是什么，列举出来。
□为了消除"不能理解的部分"，尝试思考有效的提问。
□养成实际提问的习惯。
＊注意：明确事实或意见。

↓

## Step 2 扩展观点

□站在他人的角度思考。
□使用一人辩证法等。

↓

## Step 3 从未来思考有现实性的行为

□提前思考"如果某件事成为现实，会发生什么事"的情况。
□思考发展顺利与不顺利的状况，以及有没有可以预先准备的事。
□思考该行动是否可能实现。
□思考该行动有没有必要在现在实施。
□从必然性重新审视行动。
□以"完全根据清单"整理思绪。
□重新审视过于理所当然的凭据。
□有没有隐藏的前提。
□思考真正的目的。

↓

## Step 4 形成"意见"

□对自己的意见要有自信。
□"持有意见者"应该注意的事。

↓

## Step 5 把批评、反驳都当作自己的想法，推敲意见

□温和地讨论，了解规则

Lesson

# 1

建立『自我意见』

为什么我们不擅长应对『突发状况』

老　师："大家觉得领袖是什么样的人？"

学　生："伟大的人！""有人望的人！""聪明的人！"

老　师："归根究底，为什么我们需要领袖？"

学　生："因为如果没有领袖的话，大家就像一盘散沙。"

老　师："那么，为了不让大家变成一盘散沙，领袖必须做些什么？"

学　生："把大家团结起来！"

老　师："怎么团结？"

学　生："用头脑？"

学　生："有些领袖会用蛮力来约束大家。"

老　师："那把你们所了解的领袖形象写出来。"

老　师："你们对领袖有什么不清楚、想要了解的地方，或是觉得有疑问的地方吗？"

学　生："怎么样才能成为领袖？"

学　生："以前就有领袖吗？"

学　生："坏领袖从一开始就是坏人吗？"

老　师："大家把对领袖的疑问全都列出来。我们一起讨论，解决疑问。"


老　师："关于领袖，我想就已知的部分，问大家一些问题。理想的领袖是什么样的人？"

学　生："能认真考虑每个人。因为历史上有太多不把人当人看待而失败的领袖。"

学　生："我不这么认为。因为，如果要设身处地考虑每一个人，恐怕什么事也做不成。我觉得自己决定大方向，并且态度坚定的人才是理想的领袖。"

## ≫ 哈佛大学提倡的"自我意见建立法"

前文中的"某教室中的对话",是模拟欧美小学课堂上的情景,应该有不少人会觉得"跟日本不一样"。

这是必然的反应。因为这种欧美式的教学方法,出色地指导了学生在普通日本学校中不会教的"某件事"。

那件事就是"建立自我意见的方法",也就是彻底思考的基础。

在前文的授课中,孩子们是这样做的:①检查自己对于领袖的了解程度;②查找有关领袖的疑问和想知道的事;③各自发表关于"理想的领袖形象"的意见。这三个步骤正是"自我意见建立法"的三步骤(美国哈佛大学教学计划也倡导这三个步骤)。

图 1-1 "自我意见建立法"三步骤

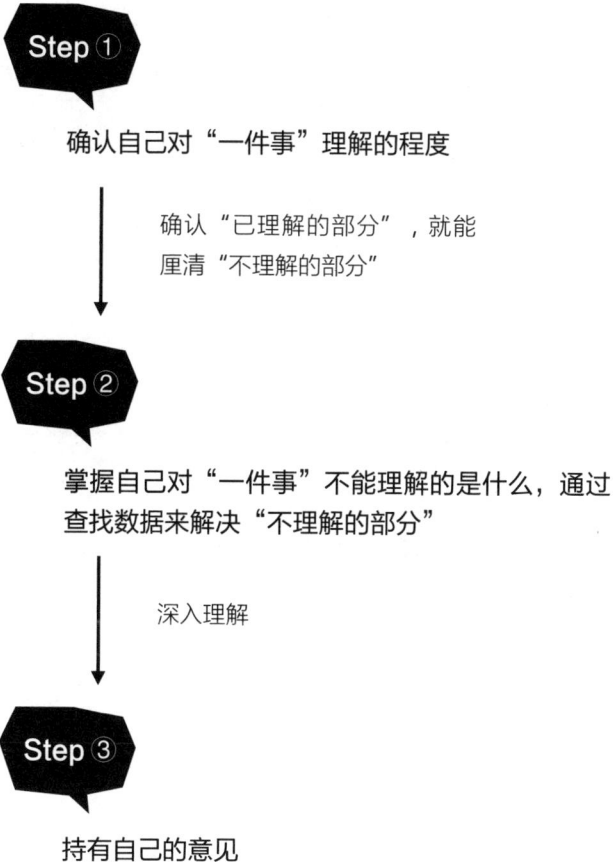

**Step ①**

确认自己对"一件事"理解的程度

确认"已理解的部分",就能
厘清"不理解的部分"

**Step ②**

掌握自己对"一件事"不能理解的是什么,通过
查找数据来解决"不理解的部分"

深入理解

**Step ③**

持有自己的意见

这里的重点是不要在没有深入理解"一件事"（步骤①和②）的情况下，就直接跳到"持有意见"的阶段（步骤③）。

例如，下属提出一个商品企划方案，是关于只靠听就能大幅提升英语能力的音像商品。你听到这个提案，便说："只靠听的英语教材，不等于是其他公司畅销商品的翻版吗？而且英语教材的市场竞争激烈，我们这种公司应付不来。我反对。"如果对自己公司充分了解，再说这些话就是相当有力的"意见"。但若是不太了解却这么说，**那就只不过是"印象"**。

## 应对突发状况，重点在于"先思考再行动"

"技巧高明，对传授的要诀也都能融会贯通，并且能够按照指示行动。但是却不太能处理突发状况。"

外国体育教练或记者经常如此评论日本选手（当然并不是所有选手都是这样）。

一名熟识的美国记者曾经对我说："比赛是'活的'，所有的状况都不会按照预想的发展。一旦发生突发事态，就必须自己思考、自己行动。但是，日本的选手却欠缺这种能力。"

"活的"状态，在商务场合上也是一样。我想，就如同前文中提到的对于日本选手的评价，也可以在很多场合变成对于"日本人的评价"。

那么，该怎么做才能"自己思考、自己行动"呢？

遭遇突发情况时，必须先理解"现在面对的状况"，然后思考对策。这里可以运用到刚才所介绍的"自我意见建立法三步骤"。

步骤 ①：确认自己对事态的了解程度。

步骤 ②：为更清楚了解事态，掌握必须调查的事项，并付诸行动。

步骤 ③：持有"自己的意见"，想出该如何应对突状况。

"自我意见建立法三步骤"不论在哪个领域都适用。正因为如此，我们也才能了解为什么欧美学校提倡学生应在年轻时尽早掌握这一能力。

尽管日本的学校没有教，但欧美优质学校都会教给学生建立意见的三步骤。我认为这三个步骤有解决"为什么日本人不善于表达自我意见"的关键。这是因为日本人的"文化"中很难实行步骤①和步骤②的"明确理解"。

## 逃避 "理解" 的日本人

有一次在日本出席某场讨论时。主持人让我们分组，就将来的学校教育展开讨论。当时我所看到的 "讨论" 是这样的：

A："我认为现在的教育是 ○○ 的。"

众人：（聆听之后并点头，出现 "有道理" 的声音）

B："我是这么想的……"

众人：（聆听之后点头）

这种情形出现很多次。没有人对其他人的发言提出问题或质疑，更别说是反驳了。出席者之间完全没有交流和互动。

为什么在需求踊跃讨论的场合，会出现这样的情况呢？是因为气氛不允许？还是为了双方的关系？我想理由可能会有很多。但是，在这里我想将焦点放在 "很想认真了解对方的意见，但不太容易做到" 的日本文化上。

### "最不想听到上司对我说的话" 的第一名？

2012 年，日本某企业以刚步入社会的年轻人为对象，做了一份 "最不想听到上司对我说的话" 调查。据说排名第一的是："我说的话听懂了吗？"

日语有个特点，就是彼此的交流是在察言观色中成立的。这种交流形式虽然渐渐有了转变，然而基本上还是认为以"心照不宣"为宜。所以自己说话或对方发言，都有不问清楚、不确认的习惯。

在这种文化的影响下，日本人对"我说的话听懂了吗？"这句话，不但觉得刺耳，有时还会感到恼火（因为他们会把它解读为"你其实没听懂吧"）。

然而，我们在不提问也不确认的情况下，真的了解一切吗？如果你认为自己已经理解了的话……

## 打破砂锅问到底的英语文化

另一方面，英语文化的人们是怎么样呢？"我说的话听懂了吗？"翻译成英语 You know what I mean？是句日常用语，而且 you know（你懂吧）甚至因为使用得太频繁，而变得几乎没有意义。

此外，他们不只会向对方确认自己发言的意义，对于对方的发言，也会积极地提问。例如，请想象跟一名刚刚出差回来的同事对话。如果是日本人的话：

"罗马怎么样？"

"嗯，不错。"

一般来说，大约这种程度就结束了吧。

可是英语文化的人绝对不只是这样。

"罗马怎么样？"

"嗯，很不错哦。"

"不错是什么意思？你是指食物好吃，而且美女如云吗？"

"城市本身非常精彩，可以说它与历史并存吧。"

"若从与历史并存的角度来看，京都也是一样。罗马和京都哪个比较好呢？"

"嗯，两座城市都好啊。"

"那么，如果这两座城市你只能去一个，你会选哪个？"

他们追根究底的程度，令人有种警察在审问的感觉。但是，可以确定的是，从这里可以看出询问者的态度，只是为了更加了解对方的发言。

## » 什么是"批判性思考"？

——有"根据"的说话规则

那么，我们该怎么做才能理解得更清楚呢？怎么样才能在周全的思考下，持有具说服力的意见呢？

接下来的各章，我会仔细介绍实践方法。在此之前，我们先来谈谈彻底思考的基础——批判性思考。

思考信息、意见和想法的对错，从中摸索出更好"答案"，即是**批判性思考**（critical thinking）。也许听起来有点困难，不过，说得简单点，就是"不流于他人的想法，自己认真思索意见的思考方法"。

受到"批判性"字眼的影响，很多人对批判性思考有些误解，以为批判性思考是批评对方、贯彻自己意见的技巧。但批判性思考（critical thinking）中的 critical，并不是"批评"（责难），而是"谨慎判断事物是非"（即思辨）的意思。

我认为批判性思考最大的魅力在于，不只是信息本身和他人的意见是我们"谨慎判断"的对象，连对自己的意见和想法也要"慎重思考"。（另外，建议读者可以参看道田泰司、宫元博章合著的《批判进化论》，这本书对批判性思考有较全面的解说。）

批判性思考中最重视"根据"。持有意见和想法的大前提是必须要有根据。意见或想法若没有"好的"根据支撑，就完全没有说服力。

## 用批判性思考决定是否留学

那么，我们以"自己的意见"为例，简单说明一下批判性思考的实际过程。举例来说，假设你正在考虑"去国外留学"这件事情。同一个部门中，优秀的前辈铃木小姐，去年已经在美国大学取得了 MBA 学位。因此，你去找铃木小姐商量，她说："A 大学是很好的大学，MBA 的课程也很充实。"于是你下定决心"自己也去 A 大学留学吧"，并开始着手准备。

从批判性思考的方式来看，"自己也去 A 大学留学吧"，是相当于"意见"的部分。至于它的根据，则是因为"铃木小姐说 A 大学非常好"，以及"在 A 大学学习后，铃木小姐升职了"。

这里，我们必须思考两个问题：

① 作为根据的内容"正确"吗？

② 根据足以成为根据吗？

查证之后，铃木小姐说得没错，通过 A 大学所开设的 MBA 相关课程来看，A大学是所"很好"的大学。而且"铃木小姐留学后升职了"也是事实。①的疑问已经解决。

## 铃木小姐说的"A大学是很好的大学"作为根据，正确吗？

那么②的问题如何？铃木小姐的经验"A大学是很好的大学"，可以原封不动地成为"自己也去大学留学"的根据吗？铃木小姐认为"很好"的大学，对你来说也是"很好的大学"吗？

答案是否定的。一个经历过此事的人说的话，是否能成为别人的想法的"根据"呢？在大多数的状况中，其实是行不通的。因为，铃木小姐和"你"的能力、性格、经历都不相同，是截然不同的两个人。而且，铃木小姐留学后升职，到底是不是"因为留学"，还有再探究的必要。说不定铃木小姐原本就很优秀，不用留学也能达到今天的地位。（参见图1-2）

## 增加观点，思考"相反的意见"

在批判性思考中，"观点的多少"也是重点之一。观点越多，越能清楚地了解事物的全貌。

对于这一点，我们再以前面的留学为例。

增加观点最便捷的方法，就是提出"完全相反的意见"。也就是说，原本的意见是"去A大学留学吧"，所以此处便试着主张"不

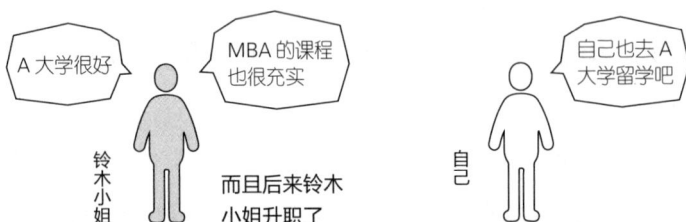

图 1-2　用批判性思考决定是否留学

去 A 大学留学"。

意见需要根据，所以相反的意见也要有根据（参见图 1-3）。

我们把想到的根据全部列出来："去 A 大学留学，至少得离开现在的公司两年，目前离开两年对自己来说是不利的"或"去 A 大学留学的花费过于庞大"。像这样，将原本的意见与相反的意见，加入各自的根据后加以评估，进而再谨慎考虑有没有偏见（如"留学之后取得 MBA 学位，一定可以升职"），或是其他应考虑的要点（如"若想增进职场技能，除了留学之外还有没有其他方法"）。在全面考虑之后，就能明白"自己也去 A 大学留学"是不是个好意见了。

## 并非"依靠直觉"思考，就能对自己产生信心

如果能用"因为有这样的根据，所以才如此思考"的方式，随时留意是否有根据，而不是"依靠直觉"思考，就能拥有自己的想法，也会对自己更有信心。

举例来说，假设只靠"铃木小姐说 A 大学是所好大学""铃木小姐留学后升职"等根据，你决定去 A 大学留学了，但是到了当地之后，才发现课程枯燥乏味，什么都学不到。你可能会非常沮丧地想：唉，自己一时冲动听信铃木小姐的话，没有好好考虑，真的太肤浅了。而且自己本来就不像铃木小姐那么优秀。

但是，如果仔细思考之后，决定"还是想去 A 大学留学"，然

图 1-3　思考相反的意见

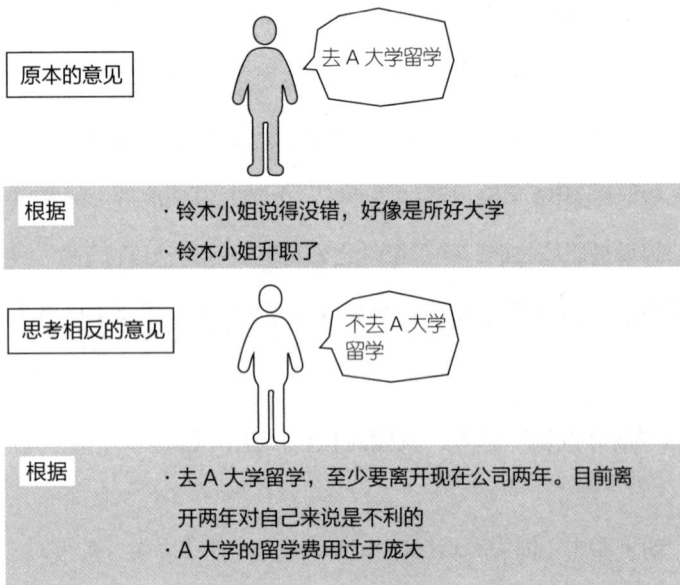

原本的意见

去 A 大学留学

根据
- 铃木小姐说得没错，好像是所好大学
- 铃木小姐升职了

思考相反的意见

不去 A 大学留学

根据
- 去 A 大学留学，至少要离开现在公司两年。目前离开两年对自己来说是不利的
- A 大学的留学费用过于庞大

Check
Point !

1　两者比对，例如：
→　·　有没有偏见？
取得 MBA 学位，绝对能升职？
→　·　有没有其他应该考虑的部分？
除留学之外没有其他的方法吗？

后付诸行动，"已经考虑了那么久，自己决定的事就算失败，也能看开"，或是"既然自己好不容易下定决心，就再努力试试看吧"等，正向思考的可能性会比较高。

## 有"根据"的意见具有说服力

"不论问什么问题，日本人只会答是或不是，却不说根据。""不告诉我根据是什么，我无法了解。"有这种抱怨的欧美人士不在少数。

那么，为什么欧美人会觉得"日本人不说根据"呢？是因为从他们的标准来看，日本人很少把根据说出口。我想在说明根据的频率，以及面对根据的态度这两点上欧美人与日本人截然不同（这一章的第一页"课堂情景"中，孩子们都为自己的意见添加了"根据"）。

至今最令我惊讶的是"吃饺子的根据"。

一位美国朋友问我："晚饭想吃什么？"我回答："饺子。"他问："为什么？"当时我觉得很烦："怎么，想吃饺子也需要什么理由吗？"但仔细观察后才知道，在欧美国家，尤其是美国人对任何事都会打破砂锅问到底，也会坦白地问出来。不仅在谈判或者会议这样的场合，甚至每天的聊天对话，都要有"根据"。你可能会觉得"这样不是很累吗"，但从他们的立场来看，却是理所当然的事。

先不论喜欢哪一种沟通方式，日本式的沟通（没有根据）与欧美式的沟通（有根据）相比，欧美式的沟通明显比较有说服力。与批判性思考相对照也可以知道，清楚说明根据是让意见具有说服力的第一步。

日本人如果不太有说明或意识到根据的习惯，只要养成思考根据的习惯，也就是培养"根据力"就可以了。只有养成习惯，遇到事情时才能仔细思考，并且不假思索地将根据说出来。

## » "思考根据"的练习

接下来，要介绍的是大家都没有注意到，但确实能提高思考根据能力的练习。请在职场或个人生活中的各种场合试着练习。它非常简单，甚至不需要笔记用具。你可能会想："怎么可能这么简单！"但只要持之以恒，一定能展现效果。

**Exercise 1**
**初 级 篇**　向自己提问，思考根据

每天日常中要做出选择时，先问自己："为什么要选择它。"（参见图1-4）不用把根据说出口，放在心里就可以了。只要根据不是"无意识地选它"，什么理由都可以。

例【早上出门前】［自问］为什么要穿这件衬衫?

⇨［根据］因为只有这件衬衫熨好了（或者是因为喜欢它之类）。

【在咖啡店】［自问］为什么要点冰咖啡?

⇨［根据］因为很热（或者是因为手上有冰咖啡优惠券之类）。

图 1-4　向自己提问、思考根据的练习

午餐时

自问：
为什么要吃通心面?

根据　昨天看了电视上的通心面节目（或是上次看到有个意大利人吃通心面，好像很好吃）

休假日

自问：
为什么今天不想出门?

根据　因为很累（或是因为下雨了之类）

重点这是独自在脑中默默进行的练习，所以在思考根据时，完全不用考虑要说服别人，或是摆出姿态。总之，目的在于养成"思考根据"这一习惯。

---

**Exercise 2**
**中 级 篇** **一边做比较，一边自问为什么选择它**

熟悉初级篇之后，进入下一个阶段。

做选择的时候，一边做比较一边问自己"为什么选 A 而不是 B"，然后思考根据（根据不用说出来）。

例【早上出门前】［自问］为什么不选 B 领带，而要选 A 领带？

⇨［根据］虽然自己比较喜欢 B 领带，但是前几天戴 A 领带上班，受到公司女同事们的好评。

【吃午餐时】［自问］为什么不选 B 套餐而选 A 套餐呢？

⇨［根据］B 套餐虽然比较便宜，但几乎没有青菜。A 套餐虽然贵，但可以吃到青菜。

重点 "为什么选择 A"，是把焦点放在 A 上思考根据，相对而言，做出比较后再思考"为什么不选 B 而选 A"，会令选择 A 的根据更深入，也更具说服力。

例如，就买车的颜色来思考，选择"黑色"的时候，只问"为什么选黑色"，大概就只会想出关于"黑色"的根据。但是，如果比较"为什么不选现在使用的车的白色，而选黑色呢"，就可加入

"因为喜欢黑色"这样的理由。像是"白色很容易变黄，虽然别人说在漆黑的夜晚开车，白色比黑色明显，较为安全，但黑色的安全性也未必比较差"等，让"选黑色的必要性"更显现出来。"比较"能加深人们的思考，也是一种彻底思考的常识。

## Exercise 3 高 级 篇   在商务场合思考根据

习惯中级篇之后，我们试试如何在商务场合思考根据。

在工作上做选择时，问自己"为什么选 A"，并思考根据（根据不用说出口）。习惯之后，请再思考"为什么选 A 而不选 B"。

**例【决定工作顺序时】**〔自问〕为什么要按 A → B → C 的顺序完成工作?

⇨〔根据〕因为 A 的截止日期最早。

**【同事来找我商量企划方案的时候】**〔自问〕为什么赞成 A 方案?

⇨〔根据〕A 方案符合现在的需求。

**重点** 这里和初级、中级篇不同，要尽可能地思考具有说服力的根据。可以假设要说服上司来思考根据。不过，工作上若是所有状况都要实行高级篇的练习，会十分劳累，所以用一天一次的频率练习就行了。

| 整理 | 建立自我意见的基础 |
|------|-------------------|

□**自我意见建立法三步骤**

　①确认自己对一件事的理解程度

　②调查感到疑问的部分，以及想知道的部分

　③持有自己的意见

□**注意根据**

Lesson

# 2

## 深入理解

思考不要停留在『可能是事实』之前

老　师："今天请大家读一段小说的内容。这本书是讲一个少年冒险的故事，大家都读过吧。"

学　生："读过了。"

老　师："今天我们要用跟以往有点不同的方法来读这个故事。各位桌上都放有绿、黄、红色的记号笔吧？"

学　生："用这些笔画线吗？"

老　师："是的，请你们在读小说的同时，用这3种颜色的记号笔在书的各个段落画线。画线有一定

的规则,你们要仔细听。首先,用绿色的笔在你觉得'原来如此,充分理解了'的地方画线。用黄色的笔在'它说的意思有一点不太明白',或"最好查证或思考一下"的地方画线。而用红色的笔在'完全看不懂'的地方画线。"

学　生：　"红色、黄色和绿色,好像红绿灯哦。"

老　师：　"你真细心!其实这3种颜色就是从红绿灯联想来的。绿色是'理解清楚,可以继续前进',黄色是'最好稍微停下来想一下',红色是'怎么想也不理解,暂停'的意思。"

学　生：　"我猜也是这样。"

老　师：　"大家不用急,慢慢读。在读的时候问自己'对这里确实已经理解了吗?'或是'最好稍微思考或调查一下?',诚实地区分颜色画线十分重要。并不是画绿线多就比较好,或是画黄线、红线多的人比较厉害。重要的是能确实掌握自己对每段文字理解的程度。好了,现在大家边画线边阅读吧。"

## ≫ "自以为懂"并不能产生好意见

前文中的"某教室中的对话"是接第一堂课,模拟欧美小学的教学实际情景编写的。使用信号灯颜色的马克笔的"分色法"是参考朗·理查德特(Ron Ritchhart)等所著《哈佛大学教育学院思维训练课》(*Making Thinking Visible*)中所介绍的技巧,这本书是培养思考能力教育方向的教师指南。

这段对话中,老师指导学生要在读小说的同时检查自己是否确实理解每句话的意思。

一边读文章一边检查自己的理解程度,这是"彻底思考并拥有明确意见"的重要训练。

如果我们不认真检查自己对眼前文章是否理解,就可能会"自以为懂了",而且这样并不能产生好意见。

## "不懂装懂"会失去别人的信任

员　工："科长，有个'只靠听就能大幅提升英语能力的音像商品'
　　　　企划方案。这方案很厉害，跟以前的教材不一样，效果
　　　　很好。"

科　长："哦，哪里厉害？"

员　工："真的很厉害。只听 CD，英语能力就会有飞跃性的提升。"

科　长："这你已经说过了。但是，听 CD 学英语的教材，并不算
　　　　有创新性。"

员　工："不过，据说效果的呈现方式跟从前的版本大不相同。"

科　长："有什么不同？和从前版本不同的'效果'在哪里？"

员　工："具体的数据我还不清楚。"

科　长："这算什么？你自己都没弄清楚就来找我谈这个方案？这
　　　　样我没办法跟你谈。"

　　就算"装出很了解的样子"，但是只要更深入地谈下去，就会
露出破绽。

　　其他还有报告书或企划方案等的商业文件，你是否有过觉得好
像看懂了，就含混不清地忽略了的经历呢？若是能重新仔细地再看
一遍，可能会发现之前没注意到的问题，也许还会找到突破口。此
外，也可以减少"当时你不是写了○○吗？""我没有那样写啊"

这类失误。

第一章中也提到，日本人经常在无意中上演"不懂装懂"的戏码。这是因为大家并不想确认自己对于对方的话理解多少，或是对方对自己的话理解多少。而这也是因为没有把深入理解当成"理所当然的事"。

## 深入理解的 4 个步骤

那么，该怎么做才能"深入理解"呢？我用 4 个步骤介绍实践方法。

1. 检查自己对获得的信息是否真正理解

2. 切实举出不理解的部分是什么

3. 为消除"不理解的部分"，思考有效问题

4. 养成实际提问的习惯

在第一堂课中，我们介绍了"自我意见建立法三步骤"，而在这 4 个步骤中，步骤 1 等同于"意见建立法"的步骤①，步骤 2 到 4 等同于"意见建立法"的步骤②。

# 》检验是否"真正理解"的 7 个方法

## Tip. 1　用对 5 岁小孩的方式说明

首先介绍检查是否真正理解信息的方法。

"深入理解"的敌人就是"自以为理解了"。如果你想深入理解一件事，就必须谦虚地问自己，对这件事自己是否真的理解了。

因此，试着模拟"向 5 岁小孩解释一件事"的情景。

你所要做的就是"把信息说明得连 5 岁小孩也能懂"。这样就行了。为了让 5 岁小朋友也能理解，说明时所用的表达方式必须简单易懂。"如果不能用浅显的话来解释，就不能说你已经充分理解。"这是现代物理学之父爱因斯坦说过的话。的确非常有道理。

言归正传，假设你的属下想企划一个只靠听就能让英语能力大幅提升的音像商品。属下征求你的意见："这个企划，您觉得怎么样？"此时你必须检查"自己对这项企划是否清楚地理解了"。

如果自己正在向 5 岁小孩说明这项企划方案。

你："这张 CD 里面并不是歌，而是英语。很多人都希望能把英语学得很好，而这张 CD 很厉害，只是听，英语就能变得很流利。"

5 岁小孩："为什么想把英语学好呢？流利是什么意思？是不是很滑很滑，像纸一样？"

你："这个嘛……"（我们到底是为了什么学英语呢？这个商品是能让英语变得"流利"吗？不是增强英语听力吗？话说回来，听力变好了，英语就会变流利了吗？）

如果对话遇到阻碍，就表示你对这个商品还没有充分理解。假设向 5 岁小孩说明的这种方法，不但可检查别人的意见或信息，也可以用来检查自己的意见是否够足够明确。

例如，有个意见这样说，"现在我们必须巩固根基，比起国际性人才，我们更加需要在本地工作的人才。"这种状况下，你只要问自己，能不能把"国际"或"在本地工作"的意思解释给孩子听，就能看出自己对这些语言是否真正理解。诚实地问自己，是不是故意用些艰涩的词汇来糊弄自己。

**自己没有理解清楚的事，就算说给别人听，别人也不会理解。**

为了拥有能说服别人的意见，自己必须先检查"是否真的理解"自己的意见。

## Tip 2　深入挖掘专业用语

遇到要"切实理解"信息时，必须多留意平时无意识地使用的专业术语。

例如，你真的理解"paradigm"（典范）或"compliance"（服从）是什么意思吗？例如，假设你听到电视上评论家说"日本人有必要加强沟通能力"时，你会点头同意。但是，这里所说的"沟通"，你能向 5 岁小孩说明白吗？

原本语言这种东西，是根据什么人、何时、在什么场合、对什么人、如何说话——也就是上下文来决定意义的。这些"词汇"会形成人的思考与意见。一定要从平时就养成认真思考词汇的含义这种习惯。

## Tip 3　翻译成英文

检查是不是"以为已经懂了"的另一个方法，是将它试着翻译成英语（等外语）。例如，上司说："本公司必须提供更贴近顾客的服务"，假设你认为自己理解了。我们将它翻译成英文。"贴近顾客"的部分，若是直译，就会变成 stay by our customers。但在英文词典里找到 stay by 一词，可以知道它有"身体挨近"或"靠近"的意思。但是，上司所说的服务，并不是字面意思上的靠近顾客身边。那么，"贴近顾客的服务"的具体内容是什么？二十四小时不中断的修理服务？将顾客的意见反映在服务上？但是该怎么做？通过将其翻译成英语，就可看到平时看不见的"漏洞"。

## Tip 4　使用"理解程度检查表"

得知检查自我理解程度的方法后，接下来就要进入"切实举出不理解的部分是什么"的实践方法了。

图 2-1"理解程度检查表"，是将第一堂课最前面"某教室中的对话"中，孩子们所做的事（写出"对领袖的了解"，接着再举出"对于领袖有疑问的地方，想知道更多的地方"）制成表格。

分别举出"已理解部分"与"不理解部分"并做成清单。用电脑软件就能简单完成。如果嫌麻烦，将复印纸纵向从中间对半折，随手写下来也可以。

在左侧列出"关于讨论内容的信息和意见，已理解的部分"，右侧则写下"关于讨论内容的信息与意见，尚不理解的部分"。

**这里的重点在于全部写下来。**很多时候，一旦把脑中的各种杂

图 2-1　　"理解程度检查表"（例）

| 已理解的部分 | 不理解的部分 |
|---|---|
| CD 商品（共三张，附课本，售价 7500 日元） | 为什么要推出这个商品 |
| 英语教学商品 | 在实体店贩卖？电商？两者都卖？ |
| 效果：只听音频就能提升听力、语法、背单词等能力　反驳 | 这些能力真的都能提升吗？ |
| 作者是曾经上过 NHK 英语教学节目的 T 大学准教授　反驳 | 一定用这个人的必要性？ |
| 目标客户人群：25 岁至 45 岁的商务人士 | 如何与其他公司的热门商品区分？ |
| 销售开始：明年春天 | 为什么现在才要加入英语教材市场？ |
|  | 日本人真的需要增强英语能力吗？ |
|  |  |
|  |  |
|  |  |
|  |  |

念写出来，经常就会发现"原来是这么回事"，就轻松解决了。不论手写还是用电脑写都没关系，经过彻底思考后，就把它全部列出来吧。

此处，我们再次用"只靠听就能大幅提升英语能力的音像商品企划方案"为例来思考。

首先，在左侧"已理解的部分"，列出自己已经理解的部分。想要明确尚未理解的部分，先厘清"已理解的部分"是十分重要的。因此，请务必从左侧开始写理解程度检查表。

其次，继续写右侧的"不理解的部分"。不能立刻想出"不理解的部分"或是"有疑问的部分"时，请试着逐一审查左侧的"已理解的部分"中"每一项真的正确吗"。

这个做法非常有效。

## Tip 5　用 5W1H 反驳

最快速简便的检查方法就是用 5W1H 问自己，是否能确实回答。也就是你是否能回答得出 Who（谁）、What（做什么）、When（何时）、Where（哪里）、Why（为什么）、How（怎么做）等问题。在商务场合中，不妨再加入 to Whom（向谁）、How much（多少钱）等，可以根据场景改变提问内容。

请再看一下"理解程度检查表"。只看左侧的"已理解的部分"时，可以答得出"谁""做什么""何时""向谁""多少钱"等问题。但对"为什么""在哪里""怎么做"却还不明确。因此，在右侧"不理解的部分"中，可以填入"为什么要推出这个商品？""在实体店贩卖？还是在电商贩卖？还是两种形式都采用？"等。

把"不理解的部分"或"有疑问的部分"，用疑问句的形式列出来，接下来提问也很方便。

使用5W1H（或是它的变形）厘清疑问，接着再逐一质疑左侧所写的事项。左侧若写"提升听力、语法、背单词等能力"，则质疑"这些能力真的都能提升吗"。

试着质疑左侧内容的必要性，也很有效。例如，"作者是曾经上过 NHK 英语教学节目的 T 大学准教授"，那就质疑为什么非这个人不可。

最后，不一定要与左侧内容相关，只要自己有疑问的地方，都可以填进去。右栏下方所写"如何与其他公司的热门商品区分？"就是其中之一。看到其他公司的网站上如此介绍热门商品："可免费视听两周，如没有任何效果，可退货。"必须确认面对这样的优惠条件，该如何将本公司产品与之区分。进而，"为什么现在才要加入英语教材市场？""日本人真的需要增强英语能力吗？"等，只要有感到有疑问的地方，应该全部都写下来。

像这种"含糊不清的疑问"，主要来自于好奇心。"完全只是好奇，所以想问问""自己想知道更多的是哪一点"，从这样的观点来思考，就很容易找出提问事项。

## Tip 6  用"信号灯色的记号笔"帮助思考

前面的"理解程度检查表"，在信息或信息来源太多时，特别有助于思考自己"是否已经理解"。但另一种状况是，用书面形式展现已经被整理过的信息。

在这种时候，"某教室中的对话"（参见 26 页）中，提到用"信号灯色的记号笔"做标注，也很有效果。

基本的实践方式在"某教室中的对话"中老师已经说过了。接下来，将使用示例向大家介绍我为商务人士设计的方法。

例如，假设有一份"我们公司应雇佣更多女性员工"的提议报告。主要内容为"伴随人口老龄化的现象，日本的劳动人口逐渐减少，按照目前的做法，我公司的优秀员工将不断减少。为了遏制这种现象，我们必须建立更方便女性工作的职场环境。当务之急是创建女性即使因育儿而暂时离开公司后，也容易回归的职场环境。例如，在公司设置托儿中心，充实在家工作的工作体系"。

这里，拿出红、绿、黄三种颜色的记号笔来。如果手边没有的话，蓝、黑、红三种颜色的圆珠笔或彩色铅笔也可以。无论什么笔都可以，用这三种颜色在眼前的这份报告上画线。"完全可以理解的事"画绿（蓝）线，"大概理解，但不是完全理解，最好调查一下"的部分画黄（黑）线。然后，"无法理解，要再检讨"的部分则画上红线。通过这种方法确认自己已经理解，或是有疑问的地方。

## 诚实地画线

大家对前文中的报告，在哪里画什么颜色的线呢？"伴随人口老龄化的现象，日本的劳动人口逐渐减少"用绿（蓝）线似乎可以。对于"为了遏制这种现象，我们必须建立更方便女性工作的职场环境"，如果认为想遏制这种现象，在创造方便女性工作的职场环境之前，应该还有更迫切要做的事，则可以画红线。若觉得"说得有道理"就画绿（蓝）线。或者，质疑"建立方便女性工作的职场环境，在我们公司真的能做到"，就画黄（黑）线。（参见图2-2）

这里的重点在于对自己诚实，彻底思考这件事并没有标准答案。此外，这是个人的实践，不用设想别人会不会读到。自己思考后，在"这样可以""这里有点问题"的地方，诚实地画上线。

一些用黄色或红色线标出的"应该再调查"内容或疑问，可以在画线处的旁边，或是在其他纸上写下问题。这样，等提问机会到来时就能发挥作用。

图 2-2　画线示例

伴随人口老龄化的现象，日本的劳动人口逐渐减少。

　　　　　　　　　　　　　　　　*绿线

按照目前的做法，我公司的优秀员工将不断减少。

　　　　*黄线

　→目前的做法是指什么？

为了遏制这种现象，我们必须建立更方便女性工作的职场环境

*红线

　　　没有更迫切要做的事吗？

当务之急是创建女性即使因育儿而暂时离开公司后，
也容易回归的职场环境。例如，在公司里设置托儿中心，
充实在家工作的工作体系。

　　　*黄线

　→光是这样，就能让更多女性方便工作吗？

**正确理解，就不会草率做判断**

记号笔画线法的好处在于，可以把阅读时含糊带过的事，重新再问自己一次："真的可以含糊带过吗？"此外，对于"好像有点空洞"的语句，也可以具体明白到底是哪里空洞、如何空洞。

再进一步，读了这段文字，如果有强烈的想反驳的想法，或是相反，有想举双手赞成的想法，用这种记号笔画线法十分有效。尤其在很想立刻看到结论时，更应该用记号笔画线，再次仔细读一遍文字。这么做，就能厘清自己到底反对（或赞成）什么了。

在说明"意见"之前，一边画线一边面对文字，也会减少**轻率地说出"反对（或赞成）"，从而降低他人对自己的信赖**这种现象。若能够通过列表或画线明确问题点，后面只剩下为了消除疑问的全面检查并提问。

### Tip 7　临时被人征求意见时，提出"好问题"

"有足够时间加深自己的理解时，制作清单或是用记号笔画线是很好，但是如果在会议上临时被人征求意见，应该怎么办？"相信不少人有这样的疑问。

我先说结论。在这种状况，只要提出"好问题"来深化理解就好了。就像在第一堂课中提到的那样，日本人不太擅长向别人主动说明。如果想要跟这样的人一起了解事物的本质与全貌，就只好自己积极地提问了。也就是说"事物的本质不会自己走过来，所以我们要走过去"。

例如，你出席公司内部的会议时，有人提出"每周规定 1 天暂停日常工作，各自着手实施'真想做这种企划'的企划方案，怎么样"，正在茫然听着的时候，有人征求你的意见："你怎么想？"

此时，你必须做的并不是说"赞成"（或是"反对""不知道"）等意见。为了说明自己的意见，你必须彻底理解该意见。不过，这并不是要你表示"等我好好思索一周再告诉你"。你唯一能做的，就是向这个意见的提议人提出"好问题"，以此深入理解意见。

## 提出"好问题"的 12 项原则

想要提出"好问题"，你必须先明确自己不理解的部分有哪些。如果从平时（例如看新闻时），就养成随时注意"不理解的是什么"这样的习惯，就会比较容易做到这点。

提出"好问题"的重点有 12 项原则（参见图 2-3），以下会按顺序介绍。必须临时说明意见时，利用"理解程度检查表"和记号笔画线法来提出疑问，这样做十分有效。

## 图 2-3 提出"好问题"的重点，12 项原则

① "何时、何地、谁、做了什么、怎么做"

② "为了什么目的？""为什么这么有把握？"

③ 对信息提问

④ 探究必要性

⑤ 探究数据是否正确、妥当

⑥ 检验模糊的用词

⑦ 引用相似但不同的例子

⑧ 确认事物的两面性

⑨ 询问契机、起因

⑩ 探究为什么是"现在"

⑪ 询问长期性发展

⑫ 以采访者的姿态追问背景

① "何时、何地、谁、做了什么、怎么做"

想要成为一名新闻记者，就要懂得将"何时、何地、谁、做了什么、怎么做"这5个要素（4W1H）全部放进新闻的标题中。也就是说，这5个要素是"信息的基础"。请先思考一下，自己要考虑的所有"信息"，是否具备这5个要素。

"每周找1天暂停日常工作，各自着手做自己最想做的企划案"，在这句话中，4W1H这5个要素是否全部具备？我们了解的只有"何时（一周一次）""谁（员工）""做什么（不做日常工作，

而做梦想提案）" 3 项。关于"在哪里"，是在"公司里"还是"公司外也可以"，就不清楚了。也不知道"何时开始"，更不晓得实际上如何管理（怎么做）。所以首先要提出这些问题。

②"为了什么目的？""为什么这么有把握？"

另一个 W 就是 Why（为什么）也很重要。"为什么"有两种含义。

第一种，是询问目的时的"为什么"。如"一周规定 1 天这种日子的目的是什么"。

第二种，是"为什么这么有把握？"询问根据的"为什么"。例如，假设对"一周规定 1 天这种日子的目的是什么"的回答是"为了在自由的氛围中，将员工深藏在心中的最佳想法引导出来"，你就可以质疑："为什么如此有把握？"

例如，"你为什么有把握一周规定 1 天这种日子，就能将员工深藏在心里的最佳想法引导出来？从前的企划会议上，是否很难产生出好的创意"。

③对信息提问

对别人给的信息提问，若能衍生出新的问题，不妨试试看。例如，试着问问"你说一周要暂停 1 天日常业务，但如果截止日期迫在眉睫，根本不能休息的话，应该怎么做才好"，或是"会不会有人想偷懒呢"。

④探究必要性

重新探究信息的"必要性"。"公司真有必要特地规定这种日子吗"，或是"不要一周一次，一个月一次不行吗"，等等。

⑤探究数据是否正确、妥当

当数据等被引用作为"证据"时，就有必要探究引用该数据是否合理。

例如，假设举出美国执行同样政策而获得成功的企业数据，将其作为"在自由的氛围中，可以激发好的创意"的根据。这种时候，就可以质问该数据的出处是哪里。此外，也要探究该企业的数据跟本公司有多大关系等数据的妥当性，也就是"因为美国企业成功，就代表我们公司也会成功"的依据在哪里。

⑥检验模糊的用词

如果现在一时想不出任何"理想方案"的点子，可以提问："所谓理想方案，具体来说是什么样的内容，能不能解释一下？"

⑦引用相似但不同的例子

如果知道可作为比较对象的"类似案例"，可以用来做比较并提问。"我听说其他公司也做过相同的事，但没有成功。你认为我们公司能成功的理由在哪里，能否解释一下？"

⑧确认事物的两面性

确认事物的"反面"也很重要。每件事物一定都有表面和内里，好的一面与坏的一面。例如可以问："一周规定一天的缺点是什么？"

⑨询问契机、起因

有时候"契机"也很重要。

也就是"一开始为什么会有这种想法呢",也许对方会给予"思考自由的想法是从何处得出时,才领悟到环境很重要"这样的回答。

追问契机、起因,就能看出那个人说的话只是一时兴起,还是有什么想法,比较容易了解背景。

⑩探究为什么是"现在"

为什么是"现在"(或者为什么是几年后),这一点也很重要。例如可以问"为什么现在有必要执行一周一天这种措施"等。在商务上,再好的想法如果不是在适当时机提出,就没有意义。

⑪询问长期性发展

有些状况可以询问长期的发展。例如,"一周一次开展除日常业务外的其他工作,长期持续的话会有什么样的优点和缺点呢?"

⑫以采访者的姿态追问背景

如果时间和氛围允许,可以用采访者的态度,进一步询问感兴趣的事。"你实际有过在某个自由的环境中产生好想法的经验吗?"

当然,这里所举出的所有提问事项,并不需要全部用出来。根据实际情况,只问关键的问题就行了。


**"尖锐的问题"才是接近事物本质的快捷方式**

"好问题"大多是"对方不想听的问题"或是"尖锐的问题"。

看到前面的问题范例,也许有人会想,这么尖锐的问题,我可问不出来。

但是，请仔细想一下。好问题就是"为了深化理解、掌握事物本质的问题"。

而且为了抓住事物的本质，不能放过不明确的想法或态度，有时候必须指出对方没有说清楚的地方。

不指出来的话，就无法更深入理解。理解不深入的话，就代表你无法持有具有影响力的意见。所以，鼓起勇气问吧。

在某种程度上，话要看怎么说。

提问之前，请先彻底肯定对方的意见。当你找到值得肯定的地方，并赞赏地说："原来如此，很有趣啊（不是说谎）。"大多数时候，对方也会愿意听你说话，对于好（尖锐）的问题，也比较容易接受。此外，"能不能告诉我"这种说话方式，有请求指教的含义，也许有助于缓和尖锐感。

请大家一定要抱着"提出好问题，并不是为了反驳对方，而是想更清楚地理解对方的意见和信息"的想法。用提问的方式把自己对"看起来很有趣，但不清楚整体情况，所以想好好请教"的好奇心表达出来。有了这样的意识，在提问时所使用的表达方式，也就自然不会有"尖锐感"了。

## 》 深入理解前应该注意的事

——是"事实",还是"意见"?

现在我们已经懂得提问的方法,但有一个重点我必须要事先提醒大家。

就是在深入理解时,需要特别小心的"陷阱"。

作为批判性思考的基础,必须切实掌握的要点之一是**区分"事实"与"意见"**。反过来说,区分这两个要素是掌握彻底思考能力的重要基础。

"事实"是以某种形式显示证据的事物(例如"地球是圆的"的证明,就是地球的照片等)。

另一方面,"意见"是我们思考后,每个人得到的不同想法(例如"地球比任何行星都美")。

即使是欧美人士，也经常混淆事实与意见，而日本人不习惯说出意见，感觉上很难看清楚"眼前的到底是不是意见"。

## "听说毛利小姐要结婚所以辞职了"，是意见还是事实？

为什么区分这两件事如此重要，那是因为"意见"被当成了"事实"来看待，会产生难以收拾的局面。

同事说"听说毛利小姐要结婚所以辞职了"。原本暗恋毛利小姐的你大受打击。的确，毛利小姐手上的订婚戒指闪闪发亮……

但是，这个传言是真的吗？"证据"就只有"类似订婚戒指的物品"。

必须特别注意小心的是**专家的发言**。专家们说的话有说服力，所以很容易让人把"意见"误以为是"事实"。这里再以"只靠听就能大幅提升英语能力的音像商品企划方案"为例。假设你问提出这个方案的下属，"为什么需要这个音像商品"，于是下属说："因为在英语教育界的名人 A 说过'日本人只要提升听力能力，就能提升英语的综合能力'。"

这种状况，一般人会认为"既然知名专家都这么说了，一定不会错"，于是毫不质疑地相信他了。但这里必须注意的是，"这个专家说的话是'事实'还是'意见'"。

"事实"是通过证据可以证明的事物。

这名专家 A 的发言有证据吗？

再一次向下属确认 A 专家的发言，发现它是有一定数据支撑的。该数据就是"以 1 万人为对象，请他们在听力水平提升前后，分别接受托业考试。听力水平提升后的分数，平均比提升前提高了 30%"。只要数据不是捏造的，这个数据就是无可挑剔的事实。

但是，这个事实可以作为 A 专家发言的"证据"吗？

A 专家的发言是：

"只要提升听力能力，就能确实提升英语的综合能力。"

但数据说的只是：

"听力能力提高的人，托业考试的分数也会上升。"

A 专家做了"托业考试的分数上升，等于英语综合能力提升"的"解释"。总之，A 专家的发言并不是"事实"，而是"以数据（事实）为根据所解释的一个意见"。

重要的并不是"谁"说的意见，而是那个意见说了"什么"。不管是专家还是普通人，只要有坚实根据的意见，就可以视为合理。

应该把 A 专家的发言当成"正确的意见"而赞同属下的企划，还是当作"不正确的意见"而反对？这应该在检讨 A 专家"意见"的根据正确与否，也就是 A 专家的解释最终是否正确之后，才能得出的答案。

"托业分数提高，相当于英语综合能力的提升。"如果认为这个逻辑正确，可以说它是"合理的意见"，而如果认为"托业分数上升，并不能等于英语综合能力提升。因为托业作为衡量英语综合能力的标准，还不够充分"，就是说"这不是正当的意见"。（参见图2-4）

我们必须从平时开始就要注意"很像事实的事"有没有证据。

## 面对"可能是事实的事"，不要停止思考

当你需要彻底思考时，必须检查你眼前的是"事实"还是"意见"。如果认为是"意见"，好像觉得"每个人看法不同，所以最好讨论一下"。如果认为是"事实"的话，我们就有立刻放弃怀疑的倾向。就算误以为事实，如果只是"我很喜欢毛利小姐，她要结婚了吗？"这种略微震惊的程度倒还无妨。但有些时候，把意见误以为"事实"很可能引起可怕的情况。

事实和意见的混淆是日本"3·11"大地震后，不实报道的根源所在。"把意见错当成事实"而形成连锁效应（再加上恐惧心理和对许多事物的不信任），因而才在不真实的报道下产生了很多受害者。

图 2-4　　区分"事实"与"意见"

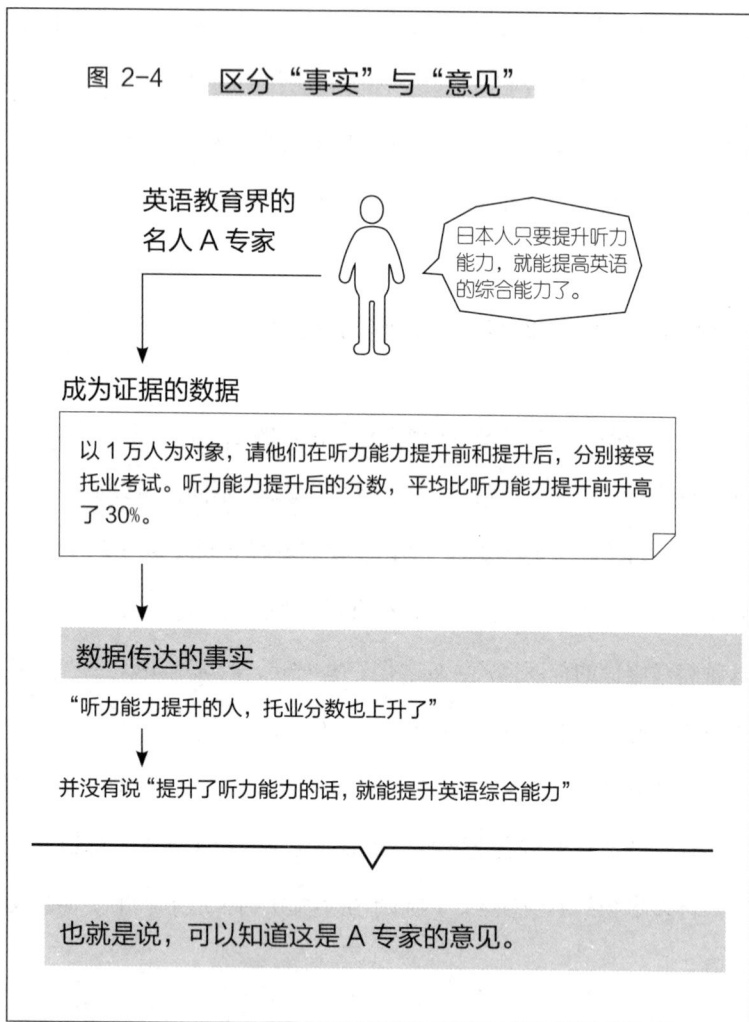

英语教育界的
名人 A 专家

日本人只要提升听力能力，就能提高英语的综合能力了。

成为证据的数据

以 1 万人为对象，请他们在听力能力提升前和提升后，分别接受托业考试。听力能力提升后的分数，平均比听力能力提升前高了 30%。

数据传达的事实

"听力能力提升的人，托业分数也上升了"

并没有说"提升了听力能力的话，就能提升英语综合能力"

也就是说，可以知道这是 A 专家的意见。

## ≫ 增强"提问力"的练习

### 以"提出'好问题'的 12 项原则"为基础试着提问

把 42 页"提出'好问题'的 12 项原则",试着用在提问中。尽可能地问朋友、同事、家人,目前正在着手的工作、不久前的休假、不能去的同学会等问题……

从 5W1H 开始,想到什么就问什么,像是"与以前的工作(休假、同学会)相比有什么不同"。如果对方总是只提到好的一面,就问"没有不好的一面吗",或是"为什么要去旅行"之类的问题。

我们借着提问想达到的目的是,自己能"马上理解对方的工作(休假、同学会等)现状",或者是达到把从对方口中听来的事,倒背如流地告诉另一个人的状态。

有人也许会觉得,这样追根究底地提问不太好吧。但如果对方是个可以推心置腹的人,就可以毫无顾忌地聊天(当然,就算是关系亲密也要注意礼仪）。只要主题或提问内容不涉及敏感的部分，大部分人不会讨厌别人问自己的事。此外，从别人身上学习"自己无论如何做不到的方法"，也可以联系到下一章介绍的"增加观点"的题材。

| 整理 | 为深入理解而做的表格 |
|---|---|
| □为了避免不懂装懂的状态 | |

①用对 5 岁小孩的方式说明　　②深入挖掘专业用语

③翻译成英语　　　　　　　　④使用"理解程度检查表"

⑤用 5 W 1H 反驳　　　　　　⑥利用"信号灯色的记号笔"帮助思考

□临时被人征求意见时，提出"好问题"

□区分是"意见"，还是"事实"

Lesson

# 3

从多种角度看待问题，深入思考

老　师："各位同学，你们认为'好社会'是个什么样
　　　　的社会？"

学　生："没有战争或犯罪的社会。"

学　生："能做自己想做的事的社会。"

老　师："为什么这么想？"

学　生："如果想成为宇航员，但是没有可以让我实现
　　　　这种理想的社会，就无法实现。能做想做的事
　　　　是每个人的权利。"

老　师："原来如此。那么，这次请大家站在不同的人

的角度，思考'好社会是个什么样的社会'这个问题。例如，从母亲的角度看，'好社会'是什么样的社会呢？从宇航员的角度思考的'好社会'，和大家思考的'好社会'一样吗？请把自己想象成别人，想想'好社会是个什么样的社会'。"

老　师："大家有什么意见？"

学　生："我想从母亲的角度来思考，我妈妈应该会说：'好社会就是小孩子能安心生活的社会。'孩子们能安心生活的社会，就是指没有犯罪的社会，所以我想警察必须要加强巡逻，阻止犯罪发生。"

学　生："可是随时受到监视，大家的自由就受到限制了。"

学　生："自由受到限制的社会，能叫作'好社会'吗？"

老　师："刚才有人认为好社会就是可以做想做的事。那么我们来探讨一下，想做什么都可以的社会，真的是好社会吗？"

学　生："我想从宇航员的角度来想。从宇航员的角度来看，有些事不可以被限制自由，有些事必须被限制……"

## 》 会不会变成自以为是的观点？

——让观点相互对抗，让"思考"更加深入

前文中是模拟欧美学校的授课情景。

孩子们站在他人的角度，思考"什么是好社会"这一问题。首先用自己的观点说出答案，然后再从别人（如母亲）的角度，重新思考这个问题。

像这样站在他人的角度来思考，就是大胆地思考和自己不同的观点。提倡彻底思考能力的欧美学校，希望学生在拥有自己的观点的同时，还能理解和自己相反的"意见"。也就是说，他们重视多重观点，因而用各种形式指导学生从多种角度考虑问题。

世上有无数种"立场"——商务人士的立场、老板的立场、消费者的立场……而且各个立场都有各自的感受、考虑和理由。感受、考虑和理由不同，即使面对相同的事，看法和解读的方法也不一样。有时候因为自身的立场，只能看到一件事的一部分，有时虽然看到了，却误以为"没看到"。总之，各个立场下解读同一件事时最大特征就是会有"偏见"。

不过，我们常常会无意识地使用"一个观点"来思考事物，而且这"一个观点"不能随意变动。正因为如此，我们有必要考虑其他的观点和立场。

在刚才的课堂中，站在母亲的立场，孩子们的讨论深入"'好社会'应该如何处理自由与制约"的程度。由于深入地讨论，大家最终发现，最初提出的"可以做想做的事就是好社会"这一意见，有必要再重新考虑。孩子们通过实际讨论，学会站在他人的角度看问题，就可以客观地看待自己的意见，而且让自己的观点与不同观点对抗，能让思考更加深入。

## ≫ 让思考更有深度的4个技巧

"持有多种观点"的过程，是在第一堂课中介绍"自我意见建立法"中，步骤②"深入理解"与步骤③"持有意见"之间的过程。

例如，把"只靠听就能大幅提升英语能力的音像商品企划方案"，做成第二堂课中介绍的"理解程度检查表"（参见 35 页），让思考更加深入。

接下来就是持有自己的意见，可是在这之前先考虑和自己不同的其他人的观点。你如果赞成这个企划案，就要想"自己虽然想赞成这个方案，可是从别人的观点来看，不知道是怎样的"。

走到"提出意见"这一最终步骤之前，客观地看待自己的想法，让想法更有深度。这就是持有多种观点的意义。

那么，现在就来介绍增加观点的方法。

## Tip 1　站在"不可忽视者"的角度来思考

基本上，这和 57 页孩子们做的事一样——站在他人的角度，感受他人的心情。顺序如下：

①决定想成为的人

并不是变成自己喜欢的人就可以。想成为的对象只限于，和想仔细思考的信息（他人的意见、企划、提案、报告等）内容有利益关系的"不可忽视者"。因为让没有利益关系的人上场，可能只会得到"都可以"这种程度的观点。

"不可忽视者"的人选如下：

（1）彻底思考该"信息"内容，与他的未来、生活、工作等有关联的人。

（2）认为这将会使每天的生活变得更美好，对该"信息"内容抱有期待的人。

（3）与该"信息"有直接关系的人。

在你想变为他人思考时，首先依照上述 3 个类别，建立一份"不可忽视者候选人名单"。

例如，关于"只靠听就能大幅提升英语能力的音像商品"，不可忽视者候选人名单参见图 3-1。

图 3-1　　"不可忽视者候选人名单"（例）

考虑各人的职业、年龄、喜好等数据，以及不能忽视的原因，列出候选人。

A）这个商品与他的未来、生活、工作等有关联的人
　　· 因这套音像商品畅销而获利的人（如科长、总经理）
　　· 想用这套音像商品学习，增强英语能力，想要进一步提升的人（如商务人士）

B）认为这将会使每天的生活变得更美好，对该"信息"内容抱有期待的人。
　　· 想通过学习这套音像商品，而能与外国同事或好友有更多交流的人（如商务人士、主妇、学生、退休的人）
　　· 想通过学习这套音像商品，在国外旅行时玩得更尽兴的人（如爱好旅行的人）

C）与该"信息"有直接关系的人
　　· 同部门的人、营销负责人、竞争公司的人、作者候选人等

想成为的对象可以是虚构人物，也可以是现实中的某个人。建议可以从"不可忽视者候选人名单"中，选出不同立场的两个人（例如从 A 中选一个，从 C 中选一个）。一个人太少，三个以上又太多了。

我们从名单中选出"想成为的人"之后，接着就要具体塑造他的形象。塑造"不可忽视者"的具体形象时，大概设定他的"职业""年龄""喜好"等"不能忽视的原因"，就可以了。

我们以"不可忽视者候选人名单"（参见 62 页）中 A 项"商务人士"为例，来思考一下这 4 个项目："在日本企业上班的商务人士"（职业），"35 岁到 45 岁之间"（年龄），"做事喜欢立即看见成效"（喜好），"认为英语是提高工作效率必不可少的要素"（不能忽视的原因）。

塑造出有真实感的形象，令人觉得"确有其人"是十分重要的。

②思考"那个人最想得到什么"

确立"想成为那个人"这一形象具体到一定程度后，就要思考"那个人最想得到什么"。这是变身"不可忽视者"思考时，最关键的重点。

如果看得出别人"最想得到的东西"，也就能看见那个人"真正的观点"。看得见别人"真正的观点"时，自己的观点就能增加，从而让自己思考得更加深远。那么，应该用什么方法看出那个人"最想得到的"，而让思考更深入呢？我们以"在日本企业上班的商务人士"为例，仔细说明这个过程。

这名商务人士的年龄在 35 岁以上，做事喜欢立即看到成果，并认为英语是提高工作效率不可缺少的要素。那么，这名商务人士最想要的是什么呢？想象他人最想得到的东西，也就是想象那个人的终极目标（之类的事物）。这名商务人士认为，想要提升工作能力，一定要掌握英语。也就是说，他最终想要的"不只是英语变好"，而是"能把工作做得更好"。

这里先回到属下的企划。

属下企划的商品是"增强听力、语法、词汇"等能力的产品，但是商务人士在学好英语之后，更追求"能把工作做得更好"，从他的观点来看，商品的功能性还不够。

因为，商务人士想要达到"能把工作做得更好"这种英语程度，光是提升听力、语法、词汇等能力是不够的，他还需要沟通能力和谈判能力。如果你设身处地从这名商务人士的心理去思考，就应该会"反对这件音像商品的企划"。

③再一次回到自己的观点

让不同于自己的观点登场后，接着再回到自己的观点（这次的状况是"赞成这个企划"的观点）。重新思考自己赞成这个方案的根据是什么？因为意见需要绝对的根据。

赞成的根据，假设是"因为属下从各方面做了许多解释，使用此商品后，英语能力好像真的会提高"。

但是，你说"英语能力好像会提高"中的"英语能力"，与该商品设定的目标客户人群"商务人士"所需要的英语能力，显然有些不同。只提升"听力、语法、词汇"能力，并不等同于"英语能力变好"，这是先前"商务人士的观点"告诉我们的。

在检验他人观点与自己观点的过程中，就能了解到"赞成"的想法好像要先缓一缓。进而可以将"如果目标客户人群是商务人士，最好策划可以提高沟通能力的商品吧？"这一提议，加入你的意见中。让当初的"赞成"想法，再加深一步。

Tip 2　用崭新的观点，获得不同角度的看法

从"有利益关系所以不可忽视者"的角度来看，可以了解到很多情况，但外部人员的观点也能告诉我们很多重要的事。自己看来理所当然的事，在没有利益关系的第三者看来，也许有截然不同的看法。

这里介绍两种有效提出外部人员的崭新观点的方法［以亚伦·韦伯（Alan M.Webber）著作《改写规则的人，独赢》（*Rules of Thumb*）中的介绍为基础］。第一个方法，想想看如果是请讽刺漫画家把你想仔细思考的"信息"画成漫画，会出现什么画面。

讽刺漫画家以通过漫画讽刺时事为工作，所以不会抱有一般人所持有的"还可以"的态度。为了能有效且适合地讽刺一件事，他必须对"这件事"有全面的理解。他必须将一般人看起来正确、美丽的事物，用讽刺的眼光重新解读。自己所看到的"风景"，有没

有可以讽刺的地方，有没有一般人看不到的地方，将它重新解读，这就是"讽刺漫画家的观点"。

## 用讽刺漫画家的"刁钻"观点思考女性就职

接着来思考一下"应该雇佣更多女性"的建议（参见 38 页）。这个建议的想法是"女性即使因育儿而暂时离开公司后，也容易继续回来工作"。那里要有托儿所，也要建立在家工作的制度。如果请讽刺漫画家用一张画来表达这种想法，会有什么结果？

趁着午休时间赶到托儿所，与孩子享受一下亲子之乐的母亲形象，也不错，但不妨大胆地用"刁钻的观点"来设想一下。

还有像这样的画，你觉得怎么样？女职员正在忙工作，小孩这时正在发烧，只是因为托儿所在同一栋大楼，所以必须自己去接他。但是工作还没有结束，急得手忙脚乱。这名女职员在心里碎念着："如果老公多帮忙带孩子就好了"，也许还带着叹息声（这种"画"只要大略、简单线条的草图就行了。把想法实际画在纸上，印象会比较清晰）。

图画好之后再回到自己的立场。把最初的想法"公司里有托儿所真方便"和"如果老公多帮忙带孩子就好了"相互对照一下，也许你会想到："说不定女职员需要的不是托儿所，而是她的丈夫或伴侣能更多地参与育儿的社会。"

**用人类学者的角度，找出容易忽略的重点**

拿出崭新观点的第二个方法，是想象一下如果让人类学者来研究你想仔细思考的"信息"的内容，他会如何判断。

话虽如此，这种想象不需要人类学的知识，只要"模仿人类学者去想象"就可以了。请试想一下"如果从人类、文化或民族等宏观角度来解读，会怎么看"。从宏观的角度，看清当事者经常忽略的"点"——这就是模仿人类学者观点这一方法的优点。

采用像人类学者的观点时，要采取脱离"现在的时代、现在的场所、现在所处的状况"的姿态，就是用更宏观的角度去思考"现在的自己觉得 A 这件事理所当然，但是如果时代、场所、文化背景发生变化，A 还是理所当然吗"。

举例来说，我们可以想想以下几个问题：

· 如果将"信息"的内容，从 100 年后"人类历史的一部分"这种视角来解读，会怎么样？

· 该"信息"的内容，在其他国家也能成为重要议题吗？

· 该"信息"中，有成为大前提的文化背景吗？

用这些提问事项作为根据，再思考"在公司里设置托儿所，或是让孩子太小的母亲在家上班"的这种情况，就能产生图 3-2 的问题。

例如，"在农村，从很久之前母亲的工作场所与孩子成长空间是在一起的。设置托儿所或在家上班的工作方式，就是要让母亲的

图 3-2　从模仿人类学者的观点来看……

有成为大前提的文化背景吗?

ex. 有没有"育儿是女性的工作"等文化上的背景?

→在日本高度成长时期,这种文化风潮特别流行。

在其他国家也能成为重要的议题吗?

ex. 也就是说,公司设置托儿所是只有日本会重视的问题吗?

→在法国等女性就业率很高的国家,并不罕见。

从一百年后的角度,作为"人类历史的一部分"来解读,会有什么结果?

ex. 在公司设置托儿所的社会,若在一百年后当作"人类历史的一部分"解读时,是否有可能被视为"人类的进步"?

→小孩待在母亲职场的育儿方式,与从前农村中带宝宝下田耕作相同。

工作场所与孩子成长空间在一起。这不是什么新奇的事，而是人类本来就需要的环境”，最后也许能得到如上的观点。

将这个观点与当初的想法“公司里有托儿所真方便”加以对照，也许就能深入到“设置托儿所或在家上班的工作方式，可说是必要的”的层次。

不论是以“不可忽视者的观点”还是“外部人员的观点”，考虑其他观点时，必须特别注意的是，不要有**“他人观点比自己的观点好（或差）”等优劣之别。**

在不太习惯意见冲突的日本，当有与自己不同的意见出现时，很多人会不知不觉地认为“自己的意见不行”，从而否定自己的解读。在实际讨论的时候，或模拟讨论时，最重要的是要把与自己不同的观点或想法，当成“深化自己思考的肥料”。

## Tip 3　一人辩证法

从这里开始，我要介绍“彻底反对自己的想法的观点”。在自己心中设定“另一个自己”，反对自己的每个想法。

在漫画或动画当中，时常会有出场人物的心中“善良的自己”与“邪恶的自己”互相交战的画面。“善良的自己”对想做坏事的自己低声劝告“别做”，而“邪恶的自己”也跑出来说：“不会被人发现的，做吧！"在自己心中设定另一个自己，就和这种情形相似。但是，要对抗的并不是善与恶，而是"自己原有的观点"和"相反的观点"。

我把它叫作"一人辩证法"。"辩证法"是哲学中的一种对话法。辩证法有许多种类，但我这里说的辩证法指的是这样的过程：

①有"A"这种想法

②拿出反对它的"非 A"想法，与"A"对抗

③产生"B"的新创意

通过让某个想法与相反想法对抗，产生化学反应，从而生出更好的想法。

这个过程通常需要两个人来完成。但若是能一人分饰两角，就是我所谓的"一人辩证法"（参见图 3-3 ）。那么，实际上该如何实践一人辩证法呢？我们用"只靠听就能大幅提升英语能力的音像商品企划方案"来说明。

首先，确定自己的立场。选择"赞成这个方案"的立场也没关系，但是不可以模糊不清（因为很难"反对"模糊的立场）。"自己原本的立场"称作"A 君"，反对 A 君的立场称作"非 A 君"。

其次，准备一张 A4 大小的纸，在这张纸上写下非 A 君的立场（这次的案例是"反对该企划方案"的立场）根据（称为"反驳清单"）。因为每个人的立场，也就是意见，都需要有根据。

图 3-3　一人辩证法的顺序 ①（思考"赞成·反对"二选一的事物时）

1. 用"赞成""反对"等形式，确定自己的立场（这个"自己原有的立场"叫作"A 君"）。
2. 将反对 A 君的"非 A 君"可能会提出的反驳，尽可能地在纸上条列出来（反驳清单）。
3. 在清单中，只留下看似有正当根据的条目。
4. 检验清单里剩下的"非 A 君反驳"是否正当。
5. 将认为合理的"非 A 君反驳"反映在自己的想法中。

A 君

彻底反对

非 A 君

不，不对哦。

反对自己原有的想法，甚至还要想出反对它的根据，也许是件难事。对自己的想法舍不得放下，但是还必须刻意否定。想必有人会觉得这太强人所难。但是"敢于反对自己的想法"，是客观深入自己想法时，绝对不可少的做法。

## Tip 4 通过"反驳清单"重新审视意见

要将非 A 君的立场（反对企划方案）根据写在纸上时，试着想象非 A 君的性格，如"我如果是非 A 君这种性格，会拿出什么样的根据来反对呢"。

试着以前面"英语音像商品"为例，非 A 君的任务是"反对音像商品的企划方案"。因为要思考它的根据，首先想想这个企划有没有可以反驳的地方；相反地，若非 A 君的任务是"赞成企划"，则想想有没有可以赞同企划的地方。

在这个过程中，最重要的是对任何想法都反驳。

重新审视这个音像商品企划方案的细节，有很多可以挑毛病的地方："应该做成'播客（Podcast）'而非 CD""目标客户人群为商务人士，这个目标是不是搞错了？""很难与其他公司推出的同类商品区分""现在才加入英语教材行业恐怕没有胜算""不认为只靠听就能提升英语能力"等。这些全部都条列出来，写成"反驳清单"。

其次，再将"反驳清单"的内容，按照是否有合理的根据来区分。

例如，虽然暂且将"应该做成'播客（Podcast）'而非 CD"列入反驳清单中，但如果想不到有力的根据，便用线画掉，从清单中排除。另一方面，如果认为"很难与其他公司推出的同类商品区分"是有根据的，就把这项反驳留在清单里。

**重视能把你推向事实的反驳**

像这样把清单上留下的反驳写出来（图 3-4）。

其次，我们来逐一检验这张清单上留下的反驳是否正确。

这时最重要的是，48 页里提到"事实"与"意见"的区别。

图 3-4　非 A 君的反驳清单

找不到适当根据

· "应该做成'播客（Podcast）'而非 CD"
· "目标客户人群为商务人士，这个目标是不是搞错了？"
· 很难与其他公司推出的同类商品区分
· 现在才加入英语教材行业恐怕没有胜算
· 不认为只靠听就能提升英语能力

例如,"很难与其他公司推出的同类商品区分"的反驳,是"意见"(因为也许有人觉得"可以区分")。既然是意见,就需要根据,要思考在什么样的根据下,能够说"很难区分"(参见图 3-5)。该"根据"假设是"因为这个音像商品的细节,与其他公司的同类商品非常相似"。重新比较其他公司的同类商品,的确有很多地方十分相似。也就是说"这个音像商品的细节,与其他公司的同类商品非常相似"的根据,可以算是事实。

将"很难与其他公司推出的同类商品区分"的反驳做成图式,就成为下列形式:

图 3-5　确认"反驳的根据"

意见 "很难与其他公司推出的同类商品区分"

↓ 原因是

事实 "这个音像商品的细节,与其他公司的同类商品非常相似"

Check
·····Point!

事实是否正确? →的确是
是否有因果关系→太过相像会很难区分,有因果关系
➡️这个意见是合理的(在纸上的反驳上画个圈)

"很难与其他公司推出的同类商品区分"

⇩（原因是）

"这个音像商品的细节，与其他公司的同类商品非常相似"

只要"反驳"进入到"事实"这一步，暂且就可以了。

而且，"这个音像商品的细节，与其他公司的同类商品非常相似"是正确的事实，进而这个"事实"与"很难与其他公司推出的同类商品区分"的"意见"之间，有着明确的因果关系，这个反驳就能算是正确的。在纸上的非 A 君的反驳中，觉得正确的地方先画个圈（参见图 3-6）。

图 3-6　思考后的反驳清单

找不到适当的根据

· "应该做成'播客（Podcast）'而非 CD"

· "目标客户人群决定为商务人士，这个目标是不是搞错子？"

好像正确

· 很难与其他公司推出的同类商品区分

· 现在才加入英语教材行业恐怕没有胜算

· 不认为只靠听就能提升英语能力

## 用反驳来深化"自我意见"

那么，非 A 君的第二项反驳"现在才加入英语教材行业恐怕没有胜算"，是否正当呢？例如，有个统计数据：在英语教材行业，80% 的新品牌都会被淘汰。

非 A 君虽然说："只看这项数据，加入英语教材行业毫无胜算。"但是严谨检查数据后，若 A 君可以这样说"我认为有胜算，因为可以解释为……"，则"现在才加入英语教材行业没有胜算"的说法，就会被暂时搁置。这种状况，可以在前面那张纸画下"△"或"？"等标记。

非 A 君的第三点反驳，"不认为只靠听就能提升英语能力"又该如何看待？事实上，在一人辩证法的"非 A 君反驳"中，也包含了"自己本来也有点在意"的部分。也就是说，以这次的事例来说，在开始一人辩证法之前，你自己便抱着"只靠听，真的能提升英语能力吗？"这样的怀疑。

这种时候，让 A 君与非 A 君"对话"也是一种做法。

A 君："只靠听，确实好像不会增强英语能力。"
非 A 君："大部分专家认为，学语言时听力虽然很重要，但表达也
　　　　同样重要。"

A君："可是，通过听 CD 提升英语能力的同类商品为什么那么畅销呢？如果'只通过听'很容易被消费者接受，再增添'表达'的内容进去，应该会更畅销吧。"

如果从这样的对话中，或是在纸上"非 A 君的反驳"中合理的条目中得到的灵感，就可反映到自己的想法中（暂时搁置的条目先保留）。通过一人辩证法，能确实地深化意见。以这次的案例来说，原本的想法——"我赞成这样的企划"则可以深化到"虽然基本上赞成这个企划，但是很难区分其他同类产品，所以再附加'表达'的内容进去如何"。

## 该数据可相信吗？

前面也提到了数据，在处理数据这种东西上有一点要注意。

首先一定要注意的是，这个数据是否值得信任。是可信的机构发布的数据吗？是用可信的方法取得的数据吗？还有，这是最新的数据吗？

尤其是对一些宣称在调查中得到，以百分比来显示结论的数据要特别小心。例如，看到"80% 的新品牌都被淘汰"的数据时，我们有必要检查 80% 这个数字是从多少样本数中得出来的。不管是不是刻意的，但市面上确实有不少欺瞒大众的调查结果。以 100 家公司为对象，80 家公司被淘汰，数值是 80%；但以 10 家公司为对象调查，8 家被淘汰，数值也同样是 80%。

调查报告书里应该有"以○○人／公司为对象的调查"等附言，没有这种附言的调查结果就不可信任，如此判断是没有非议的。此外，样本数太少的数据，视为"不太有说服力"也是安全的。

"在 × 年增加○○件"等视角的数据，也要小心处理。

例如，假设有一个数据是"英语教材行业中被淘汰的新加入企业，在过去 5 年间增加了 100 家"，读到这数据，绝不可以武断地做出"英语教材行业每年都有新企业加入，真难做"的结论。

因为只读这段文字，无法知道是新加入企业的数量在这 5 年内有增加，还是新投入企业数量一直维持平稳，但"被淘汰的新加入企业"在这 5 年内增加了。

如果是后者，可以解释为"英语教材行业每年都有新企业加入，真难做"，但如果是前者，就可解释为"新加入企业原本每年就一直增加，所以相对地，淘汰的企业也会增加吧"。

## » 在"正确答案不止一个"的案例中使用一人辩证法

对于可以有无数个答案，也就是开放式结局的问题，一人辩证法也有用。

在思考开放式结局的问题时，"一人辩证法"的顺序也会有所改变。处理开放式结局问题的时候，非 A 君的角色变成"总之只要是 A 君说的话，就要统统反对"。（参见图 3-7）

图 3-7　一人辩证法的顺序②（思考正确答案不止一个的案例时）

1. 明确自己的立场（将这个"自己原有的立场"称为"A 君"）。
2. 反驳 A 君的想法的"非 A 君"上场，让两个人辩论。
3. 检验非 A 君的"反驳根据"合理性。
4. 判断"非 A 君的根据"为合理，将它反映在自己的想法中。

比如，你正在烦恼"我们部门应该怎么做才能让工作更有效率"。假设你想到"首先客观地判断哪些是徒劳无用的工作，再检讨提高效率的对策"（这是 A 君的想法）。

继而，非 A 君的任务就是反对 A 君说的话。因此，我们让非 A 君这么说：非 A 君："反对'先客观地判断哪些是徒劳无用的工作，再检讨提高效率的对策'这个意见。"

非 A 君的反驳不能没有根据，所以这次让 A 君反击。

**A君："你反对我的根据在哪里？"**

接着，思考非 A 君的根据。

**非 A 君："反对'先客观地判断哪些是徒劳无用的工作，再检讨提高效率的对策'这个意见。"**

（因为）→ "这个意见并没有充分解答如何使我们部门的工作更有效率这一问题。"

（因为）→ "不论提出什么样的提高效率的对策，只要部门内部的人不能接受，就无法实现。"

非 A 君的想法和根据，原本就不是你熟悉的事，所以整理后写在纸上，会比较容易了解据此会形成什么样的框架（参见图 3-8）。

至于非 A 君的最后一句话："不论做出什么样的提高效率对策，只要部门内部的人不能接受，就无法实现。"是"意见"，所以也

图 3-8　非 A 君的根据框架

**1 试着建构非 A 君的意见**

反对"先客观地判断哪些是徒劳无用的工作，再检讨提高效率的对策"这个意见

自己

**原因 1**

这个意见并没有充分解答如何使我们部门的工作更有效率这一问题。

**原因 2**

不论提出什么样提高效率的对策，只要部门内部的人不能接受，就无法实现。

**2（原因 1、2）是事实还是意见？**

"意见"

**3 如果是"意见"，那"根据"是什么**

"没有获得部门内的同意就开展的提高效率对策，几乎没有成功的前例。"

看到了事实！

需要根据。就像前面提到的"思考二选一想法时的一人辩证法"一样，**根据会进入"事实"的层面。**

例如，假设"只要部门内部的人不能接受，提高效率就无法实现"的根据，在于"未得部门内的同意就开展的提高效率对策，几乎没有成功的前例"。这是"事实"，所以需要证据。如果能找到确实的数据等证据，这个"根据"就算是合理的。

明白非 A 君的根据实属正当，让 A 君与非 A 君继续争论，让 A 君的想法进一步深化。

A 君："确立提高效率对策这一目标后，我们开会听听大家的意见吧。

　　　但是，这么一来，大家若是畅所欲言，恐怕很难把内容统合起来。"

非 A 君："你是管理层，开诚布公地对大家说'想听听大家的意见'，不是比开会更重要吗？"

讨论到这里，你会发现最初在你的想法里，并没有考虑到下属的情绪，只当他们是执行提高效率的对策的部门。先别说最后要不要开会决议，至少可确定当初的想法会更加深入。

此外，反对自己立场（非 A 君）的模型真实存在的时候，就用这个人代替非 A 君，开展辩证法就行了。试着彻底思考反对自己立场的这个人的根据是什么。

## » "意外"状况该如何判断？

——思考突发状况

接下来我们要讨论"意外"的状况。

意外的状况大概分成两类。一类是要决定"是"或"否"，另一类是已经决定方向。必须先深入理解"突然从天而降般的状况"这一点上两者都相同的，但之后的立场并不一样。

### 二选一的"意外"

首先，我们来看看决定"是"或"否"的模式。举例来说，像是赞成或反对这个企划的状况。

我们在需要决定"是"或"否"的状况中，通常会无意识地倾向用"轴"作为基础来思考。在有人问"你觉得这个企划方案怎么样"而开始深入理解这个"企划方案"的过程中，很多时候心中会形成"隐隐想要赞成（或者反对）"的轴。

就算是意料外的状况，也很容易自然形成"是或否的轴"。

例如，某天猎头公司突然打来了一通电话，你得到一个没有预想过的跳槽邀请。实际到了猎头公司面谈之后，发现条件还不坏。调查过提出跳槽邀请的公司，也找不到什么缺点。这种时候，在深入理解的过程中，便形成"这个跳槽的邀请也许可以答应"的思考中心。

这种状况，决定一个轴（例如，"也许可以答应跳槽的建议"），再深入思考会比较容易做出判断。如果不先决定一个大方向，会茫然不知所从。

## 上司换成外国人——大方向明确的"意外"

另一种是大方向一开始就很明确的意外状况。

例如，某天你听到下个月开始，上司会变成德国人。为什么偏偏是我的上司变成德国人呢？怎么办？——在一阵错愕慌乱之后，你必须开始思考，该怎么应对这个意外状况。

如大家所知，这里第一步要做的是了解"德国新上司到来，具体意味着什么"，像是这位要成为我上司的德国人是个什么样的人，他会说多少日语，对我的工作会产生什么样的影响，工作内容会不会变，等等，必须再深入了解意外事态。

假设这次的"我"大方向确立为"绝对不从这个公司离职"。不论德国人上司来不来，降不降薪水，我都决定一直在这个公司工作。

像这样确立了一个大方向，而且从一开始就很明确的话，重点就在于能不能确实达成原有的目标。

在这样的事例里，从许多选项当中选择确实能达成"必须完成的目标"的方法，输赢的关键在于你能拿出多少观点（选项）。因此，单人头脑风暴便上场了。

**Tip**　**单人头脑风暴**

头脑风暴，是"以解决问题、想出新创意为目的，每个人不受限制地抛出意见"。

而"每个人不受限制地抛出意见"这一点，就是头脑风暴的精髓。

最初，头脑风暴的语源是 brain（脑、头）与 storm（风暴）。我听到这个词的时候，脑中的画面是大家拿出各种各样的创意，讨论会陷入"暴风雨"的状态。既然是风暴，自然会有好的创意，也会有马马虎虎的创意。

然而，我是不太有机会看到处于这种"风暴"状态中的头脑风暴。不知道是不是日本人都很谦虚，所以不太会说出真正的想法。我猜想，也许大家在自己心中已经把自己的想法判了死刑，"这创意真无聊"，所以放弃说出来。

但是单人头脑风暴，不论拿出创意的人还是聆听的人，都是自己，所以完全不需要看他人的脸色。总之，想到什么点子就尽量列出来。写在纸上的话，不论再小的创意，都不会遗漏，所以建议你写在纸上。

那么，我们就实际操作一下单人头脑风暴。假设，有个重要客户从国外来，上司让你负责接待，要带他到充满日本风情的天妇罗店去。你在事前已向天妇罗店预约（晚上 6 点），一切准备就绪。

但是根据天气预报，那天傍晚会有台风登陆——一个完全意想不到的情况。你问接待的客人"台风要来了，要不要延期"，但对方说"无论如何都想去看看"。接到客人的地点与天妇罗店有一段距离，即使开车也要花 30 分钟。地铁近乎瘫痪，无法指望，而出租车则完全招不到空车。而且你没有驾照，也没办法自己开车去接他。这时应该怎么办呢？

## 用"单人头脑风暴"，想出在台风天接待客人的方法

这种状况下，大方向只有一个，就是不论发生什么事，都绝对要把客户在指定时间送到那家天妇罗店去。

以上述内容为前提，独自展开头脑风暴。心里想到的，不论是

不好的创意还是好的创意，全部列出来。

"和客户在大风雨中，一起步行到目的地""台风登陆前的时段，也许可以预约到出租车，下午稍早先到目的地附近，先到那里打发时间""请朋友开车""祈祷台风不要来"，等等。

这里最重要的是，用"自己"之外的观点来思考。

如果是部门负责人，如果是高中时代的好友，他会想出什么点子呢？用这种方式，设定具体的"熟人"，会比较容易想出方法。

尽可能选择与自己处境或性格相似的人来设定，比较有效果。选择与自己相像的人，观点也会比较相近。如果无法立刻想出"熟人"，请参见图 3-9。

---

图 3-9　**在应对意外状况时可能有贡献的熟人名单**

· 平常意见相左的人

· 你认为绝对谈不来的人

· 上司、尊敬的人、独特的朋友（现在的朋友、学生时代的朋友等）

· 小孩

· 外国朋友、熟人

---

## 想创意的方法

从各种观点想出创意之后，再用排除法将选项的范围缩小。选项范围缩小后就能建立容易到达最后选择的状况。

缩小选项范围时必须注意的是，**平常觉得"不可能"就丢开的创意，都应该拿出来检讨一下。**

看上去觉得没用的想法，稍微修正一下，说不定能成为完美的"应对突发状况的对策"。

排除选项后所留下的创意清单中，假设有"台风登陆前的时段，也许预约得到出租车，可以下午提前到目的地附近，先到那里打发时间"这样的想法，如果觉得不太可能有机会打发时间，就再模拟一下更加实际的情景。

"如果想在 6 点整到达天妇罗店，就必须在 5 点左右叫出租车。但是 5 点过后就是交通高峰，无法确定是否叫得到出租车。那么，提前到 4 点多呢？就算早 30 分钟到天妇罗店，也许客户和店家都不会感到为难。"

## 习惯一人辩证法的练习

这个练习很简单，只要平时有什么意见时，就问自己："真的是这样？"

例如，若是觉得"事情变成这种地步，都是我的缘故"，就在心里反问自己："真的吗？"当然，尽可能举出"不是我的错"的根据，让原有的意见和反对的意见撞击。

于是，你的心情豁然开朗，辩证法也发挥到极限，一举两得。

| 整理 | 扩大想法时的"行动"清单 |
|---|---|
| □思考有利益关系的"不可忽视者""最想得到的东西"。 |
| □从外部人员的观点来思考。 |
| □ 用"一人辩证法"反对自己。 |

Lesson

# 4

预测将会发生的事，决定现在应采取的行动

『如果真的发生，会怎么样』预测未来的课

老　师："昨天的班会上谈到'应该废止加入运动社团的入团测验'的话题。对于为什么觉得'应该废止'，大家昨天一起想过原因，也站在别人的立场思考过了。但今天我们想继续讨论这个话题。"

学　生："入团测验绝对要废止！"

学　生："如果真的很喜欢那种运动，就有加入的权利，与他擅不擅长无关。"

学　生："自己的孩子如果不能进喜欢的社团，妈妈也

会很伤心。"

老　师："嗯，昨天都这么说过了。那么，如果真的废止
　　　　入团测验，会发生什么事呢？会有什么改变？"

学　生："社员数量增加，社团活动更加愉快了。"

学　生："大家都能进想进的社团,所有人都会变得快乐。"

老　师："我了解了。听起来好像都是好事。可是，废止
　　　　入团测验只有优点吗？难道一个缺点都没有？"

学　生："我不知道这样算不算缺点。可能因此无法发现
　　　　自己的真正才能。比如说，因为喜欢网球而进了
　　　　网球社团，却根本打不好。其实，那个同学在棒
　　　　球上的才能比网球更好，因为没有入团测验，而
　　　　进了网球社团,结果没有发现自己的另一项才能，
　　　　那就太可惜了。"

## » 若是发生在现实中会怎么样？

——预测未来，决定"现在"该采取的行动

在我们刚才谈过的"彻底思考过程"中，有深入理解、重视根据和增加观点。但是，光是这样还不能真正地做到"彻底思考"。为什么呢？

请再看一次前文中的授课情境。

孩子们虽然在讨论"是否应该废止加入运动社团的入团测验"。但似乎已经讨论完"为什么应该废止"的根据部分，而是在提出其他观点上辩论。而且，老师问学生的问题是："那么，如果真的废止入团测验，会发生什么事呢？"

彻底思考时，必须就"如果它成为现实的话，会怎么样"来讨论"未来的预测"。

放大想象力，不是妄想未来，而是站在现实的角度彻底预测未来。在欧美国家的学校中，"预测未来"是"彻底思考"过程中的一环，所以一定会放入教学课程中。

## 描绘未来情节，获取现实的观点

前面上的课都十分重视根据。思考根据，即厘清他人给的信息或自己想法的依据，也就是深入挖掘已发生过的事和自己的想法，**这种方式叫作"向后看"的思考。**

而我们彻底思考的事物，几乎都与现实有直接关系。既然与现实相关，只挖掘背后的根据是不行的。如果将"彻底思考对象"带进现实中，会怎么样？我们必须要有这种眼光。

例如，假设从现实层面来考虑结果，我们知道某个方案如果要走到实践阶段，会发生 A 情节。

那么，A 情节已到达"实际发生也没问题"，已经做好准备的地步了吗？还是实际发生的话就糟了，必须做点调整才行。

设想将会发生的情况，而"有什么应该准备的事"，就是"未来预测"中可以告诉我们的。如果思考根据是"向后看"的思考，**那么预测未来，正是把某些行动放入思考范围的"向前看"思考。**

不论依据看起来多么协调，一旦付诸行动，却发生种种不顺利的状况大有所在。反之，有时依据一点也不合逻辑，实施起来却意外顺利。

切实地预测未来，着眼于"仅凭借根据无法看到的事物"，就是预测未来的意义。


## 美好的根据也有陷阱

即使是刚才授课情景中同学们讨论的"废止入团测验"议题，也能通过模拟未来而浮现出新的要点。孩子们提出"想保护那些想入团却不能入团的可怜学生们"，作为"废止"的一大根据，这个理由听起来很感人。

但是，废止后可能会出现什么状况呢？就像最后一名发言的孩子所说，很可能孩子在其他方面能开花结果的才华，却因为没有注意到而被埋没了。


预测未来，在商务场合中当然也很重要。

例如，假设在某家公司，有人提议为使部门内沟通更顺畅，每周找 1 天中午聚餐。假设它的背景和根据是："现在每个人都是各自独立工作，不知道其他人在做什么，导致经常做了很多多余的事。因此，如果能在午餐时间交换信息，是不是可以提高工作效率？"

这是个理由相当充足的根据，对吧？

因此，让我们来预测一下，如果实施这个提案会出现什么情况。

假设这个部门有 20 名员工，要 20 名员工每星期都准时出席，恐怕是不太可能的事。但是，只要有人出席多少都能有所沟通，比起现在全无沟通的状态要好得多。餐桌上可以谈工作上的事，也可以谈私人生活，彼此的感情也许比以前更加融洽了。

但是，不可能事事如你所愿。这个提案在实行时，有没有必要做些调整呢？

只要这顿午餐的目的是"使部门沟通更顺畅"，没有出席午餐的人，就有必要另外找补救措施来跟上进度。如此一来，就会出现另外的问题：这些补救措施应该由哪些人来做，又该怎么做，这种补救的实行效果如何等。（参见图4-1）

各位可以体会到预测未来是将行动纳入思考范围中的"向前看"思考了吗？

---

### 图 4-1　如果"每周 1 次同事聚餐"

实行根据

为了在职场中轻松交换信息

有可能在现实中发生的事

· 谁来安排日程、场地

· 有人不能参加时，有必要采取补救措施

→做得到吗

---

这堂课中所介绍的"必须思考的要点",也是将自己想法锤炼成终极"完美意见"的最后一个检查重点。

"完美意见"就是"有说服力的意见"。当我们感觉"那个人的意见有说服力",通常都是对方给我们"他对事情有精确的了解,也从各个角度做了缜密思考"的印象。而这堂课就是将"各个角度"做一番介绍。既然花了一定程度的时间和劳力,也深入地理解和思考过,当然希望能整理成完美的意见。

那么,接着就一一说明形成完美意见的最后检查要点。距离形成有说服力的意见,只有一步之遥。

## » "预测未来"的 4 个步骤

首先是"未来的预测"。

请按以下的步骤思考。

①该"方案"如果成为现实，会发生什么事？同时
设想发展顺利，与发展不顺利时的情况。

②成功时的情节和失败的情节，思考有没有面对这
两种情况时应该采取的措施。

③思考该行动有没有实现的可能。

④思考该行动有没有现在执行的必要。

我们就以"只通过听就能大幅提升英语能力的音像商品企划方案"为例来说明这个步骤。

①预想"如果成为现实，会发生什么事"的情节

如果这个企划成为现实，也就是说，这个商品已进入市场，会出现什么事情？试着思考一下有现实感的情节，发展顺利与发展不顺利的情况都要考虑。

举例来说，发展顺利时的情节像是"销量非常好，决定继续推出该商品的续集""与其他媒体（例如网络）合作""拓展到全亚洲"，而发展不顺利的情节则是"几乎卖不动""推出竞争商品的公司以相似度太高为由，投诉我方"等。（参见图 4-2）

重点在于要具有现实性。

举例来说，虽然这项有声商品在市场上推出，但"完全卖不动"的未来就不太有现实性。因为推出商品却一个也卖不掉的状况一般来说不可能发生。像这种不现实的情况就要推翻。

顺道一提，当你想对思考中的提案表示"赞成"时（或持肯定想法的时候），要特别谨慎思考的是"发展不顺利这一情况"。因为当思考偏向同意这一方案时，大部分人会下意识地倾向"一定会成功"，以致很多人不会去思考"发展不顺利的情况"。

反之，当你持"反对"或否定想法时，就要绞尽脑汁思考"发展顺利的情况"。

图 4-2　预测未来的步骤

推出只通过听就能大幅提升英语能力的音像商品
①如果成为现实，会发生什么事？
②有没有可以采取的措施？
③该行动有没有实现的可能？
④该行动有没有现在执行的必要？

| | ① | ② | ③ | ④ |
|---|---|---|---|---|
| 发展<br>顺利时<br>的情节 | 销量很高，决定再推出商品的续作 | 先思考续作 | 可能 | 不用 |
| | 与网络合作 | 调整网络宣传 | 可能 | 不用 |
| | 拓展到全亚洲 | 必须有亚洲据点 | 困难 | 不用 |
| 发展<br>不顺利时<br>的情节 | 几乎没有销量 | 加大营销力度 | 可能 | 不用 |
| | 推出竞争商品的公司以相似度太高为由，投诉我方 | 掌握法律知识 | 可能 | 销售前进行 |

②思考有没有可以采取的措施

完成情节预想后，接下来要思考的是在该情节实际发生后，需不需要具体的执行措施。

此外，②之后的步骤是，各情节按着②→③→④走完程序。

从哪个情节开始想是你的自由，但这次我们先来想想发展不顺利的情节。

我们的情节中有"推出竞争商品的公司以相似度太高为由，投诉我方"的一段。那么，为配合被投诉的情节，应该有事先预想的对策吧。例如，什么样的举动会被投诉，而做什么事不会被投诉之类，必须先具备相关的法律知识。

③思考该行动有没有实现的可能

思考在②中点明的行动，也就是"具备相关的法律知识"有没有可能实现。这应该不是问题，稍微查阅一下就知道了。

④思考该行动有没有现在执行的必要

相关的法律知识，有必要在商品上市之前先行掌握。若是如此，就可以将此点补充为"你对这份企划案的想法"。总之，重点是"事先确认这份商品有没有违反法律"。

接下来，再就"发展顺利时的情节"，按②至④的步骤再思考一次。

"发展顺利时的情节"中有关"与其他媒体（例如网络）合作"，有没有应该事先准备的事？如果公司对网络宣传不太熟悉，也许就有必要采取"调整网络宣传"的措施。如果网络宣传没问题，也许你的答案会是没有"该做的事"。既然在②的方面，没有"该做的事"，当然也可以不用思考③和④。

对于另一个情节"拓展到全亚洲"，我们也来思考一下②。

若想拓展到亚洲，就需要更多拓展到亚洲所必需的资源，像是销售渠道或合作厂商等。也就是说，针对②"思考有没有可以采取的措施"，答案应该是"确保在全亚洲范围内销售所需求的资源"。

然后思考确保这种资源有没有实施可能（③）。如果已经有资源，就不用考虑④（有没有现在执行该行动的必要）。但是，如果处于没有这种资源的状态，就要考虑本公司有没有能力取得这类资源（③），以及资源是否必须现在先取得（④）。

从"在全亚洲范围内销售"这一情况，我们看到的是"若是畅销的话，也许有必要尽可能找到在国外销售所需求的资源"。因此，可以在原本的想法再加上"如果畅销，也许有机会畅销到国外，所以应先思考我们公司可不可能在国外销售"。

## 从必要性重新审视行动

其次应做的是，用"必要性"的观点检查。再完美的计划，若不是"绝对有必要付诸行动"，就没有意义。

那么，我们就以前文提到的"每周 1 次部门同事中午聚餐"为例思考。

如果你问："这个聚餐方案真的有必要实施吗？"那么，赞同此方案的人很可能会回答："嗯，毕竟现在部门内部没有任何沟通，有些工作是多余的，而且利用午餐时间的话，也不用再另外找时间。我认为还是需要的。"

因此，我们换个提问的方法。把探究的重点从"有没有必要"，改变成"这一方案**若不能实行，真的会有困难吗？没有其他的方法了吗**"。

其次，思考"真正的目的是什么"。若能看清真正的目的，就能较容易找到"其他方法"了。

若是想出"其他方法"，可与原本的"方案"互相比较。思考哪个方法看起来最能实现目标，哪个最有现实感。

刚才"每周 1 次部门同事中午聚餐方案"，锁定的"真正目的"是什么呢？找出"真正目的"时应该注意的地方是，"将目标锁定为一个"。目标太多就表示，大方向也有许多个，也就是说还没有决定大方向。**欲望太多的企划不会成功。**这是很久以前一位政府高官告诉我的话，说得确实没错。

前面的"午餐方案"，若要说唯一的真正目的，那就是"加深部门沟通"。

既然知道"真正目的"是什么，接下来就要思考有没有其他途径可达成该目的。在这个阶段，最重要的是暂时保留自己的想法。若是受到从前想法或框架的限制，可能难以看清"其他途径"。

如果目的是"加深部门沟通"，除了"每周1次部门同事中午聚餐"以外，像是建立群组的做法也是可行的。用第三堂课中介绍的"单人头脑风暴"，应该可以想出不少方法。

聚焦于"真正目的"来思考之后，想到了其他的途径，这表示"每周1次中午聚餐"不是绝对必要的，"建立群组"也是可行方法之一。

## 用"完全根据清单"整理思绪
## ——再次思考"音像商品企划方案"的根据

考虑过有现实性的未来情况之后，再次思考"根据"。接着要检查的重点在于，前面所举出的根据是否充分。

这里我们再以"只通过听就能大幅提升英语能力的音像商品企划"为例来说明。关于这个企划，深入了解和思考后的结果，已经定为"大致上赞成"。而说到赞成的根据有哪些时，则有：

· 只靠听的商品较便捷

· 日本的商务人士需要英语能力

· 提高词汇、语法和听力等能力

· 同类的 CD 商品都很畅销

此外，对这企划说得出"反对"的根据，主要是在第三堂课里"不可忽视者的观点"，即非 A 君的部分，举出以下项目：

· 只是提高语汇、语法、听力等能力，不能满足商务人士的需求

· 很难与其他公司推出的同类商品区分

· 现在才加入英语教材业没有胜算

· 不认为只靠听就能提升英语能力

用第三堂课中介绍的方法检讨这些反对根据，最后归结到"为了将商品区分，要不要将商品从'只用听'，更进一步到能够提升谈判、沟通、表达能力的教材比较好"的想法。也就是以"反对根据"为基础，进一步深化自己的想法。

深化后的想法会变得相当复杂，所以在这时候，不妨拿出一张纸，把想法整理成"完全根据清单"，帮助整理思绪。如图 4-3 的模式。

图 4-3 　"完全根据清单"（例）

**基本态度**
赞成该企划方案

**赞成根据**
- 只靠听的商品较便捷
- 日本商务人士需要英语技能
- 提升词汇、语法和听力等能力
- 同类的 CD 商品都热卖

**提案（补充）**
- 从"只靠听"，更进一步到不只加强词汇、语法、听力能力，而是包装成提升谈判、沟通、表达能力的教材，不是更好吗？
- 为了不被推出类似商品的竞争对手投诉，最好先排除法律上的问题。
- 如果畅销，也许有机会拓展到国外，最好思考一下我们公司有没有可能拓展到国外市场。

**上述补充的根据**
- 希望区分同类商品
- 只提升词汇、语法、听力能力，无法满足商务人士需求
- 万一被起诉就麻烦了

**障碍**　※ 视情况而定
- 现在才加入英语教材行业没有胜算

应该掌握的重点为：

①自己的基本态度（以这次来说是"赞成 CD 企划"）；②根据；③如果以提案的形式补充，则该补充事项；④根据。

这次的"反对根据"是"提案"的基础，所以没有写在这张纸上，但如果经过种种讨论后留下了"反对根据"，可以在这里加入"障碍"项目，然后把"现在才加入英语教材行业没有胜算"等反对根据写进去。

## 重新审视过于理所当然的"根据"

写出来之后，接下来再考虑"还有没有其他根据"，也就是再次详细地把根据全部列出来。这时用单人头脑风暴也十分有效。

着眼于原本觉得"想当然的项目"（例如"价格设定在中低档价位"），或是思考一下与自己感觉不同的人会拿出什么根据，都能帮助你想出"新根据"。

新举出的根据中，若是包含了"意见"，就像第三堂课所做的那样，将它深入挖掘到"事实"的层级。

例如，假设你想到一个根据，即"有成为畅销商品的潜力"。因为这是"意见"，所以需思考一下根据是什么。比方说，假设是"真正好的英语教材，很多都可以卖 10 年、20 年"（事实）。像这样，把根据向下挖掘到"事实层级"，就把该"事实"一起全部填写到刚才的纸上"赞成根据"的地方。

　　然后，利用下一个检查要点，即有没有"隐藏的前提"，再进一步筛选这份完全根据清单。

## ≫ 有没有隐藏的前提？

### ——寻找"好像不太吻合"的原因！

人的意见中往往包含着许多无形的东西，像是隐藏在其背后的原因、主见、心理障碍，以及在其本人看来十分理所当然，而不需要说出来的前提等。

在这其中，最不容易发现的就是前提。意见背后的思想、主见、心理障碍，都能在提出好问题时被看出来。但是前提对提出意见的人来说是件理所应当的事，反而更难被看清。

在批判性思考中，这种前提称为"隐藏的前提"。

那么，怎么样才能识破隐藏的前提呢？

**将"根据与结论"做成图示，来识破隐藏的前提**

当我们想看穿隐藏在别人或自己意见中的"隐藏前提"，可把意见暂时拆成"根据"部分和"结论"部分，做成图示会比较容易理解。

"听力进步的人，托业的分数也会提高"，看到这样的数据，是否还记得专家把这话解释为"听力提升，英语的综合能力也会提升"？这位专家的意见，可以分为"结论"（听力提升，英语的综合能力也会提升）和"根据"（听力进步的人，托业的分数也提高了）。

我们将这个说法做成图示，结果如下：

〈结论〉听力提升，英语的综合能力也会提升

原因↓　　　　　　所以↑

〈根据〉听力进步的人，托业的分数也提高了

在这里，我们试想一下这个"根据"真的能导出这个"结论"吗？

如图所示，我在"结论"和"根据"之间，画了两个方向相反的箭头，各别写上"原因"和"所以"，让结论与根据的关系更清楚。

"原因"的箭头，也就是"结论"→"根据"的逻辑大多很好理解。

"听力提升，英语的综合能力也会提升"

原因是

"听力进步的人，托业的分数也提高了"

这样读起来，是不是很容易就能让人想明白？

接着，我们再看看"所以"的箭头，"根据"→"结论"的逻辑。

"听力进步的人，托业的分数也提高了"

**所以**

"听力提升，英语的综合能力也会提升"

听起来很有道理？还是无法接受？

如果觉得不太确定，你可以用"只看 A 状况（根据），可以得出 B 结论吗？"的句型来思考。

从这次的案例来说，不妨照下面的方式思考：

**只看到"听力进步的人，托业的分数也提高了"的状况，**

⇩

**就能得出"听力提升，英语的综合能力也会提升"这一结论吗？**

如何？有没有觉得已经理解了？因为听力进步，也许只是听力部分的分数增加了。"根据"与"结论"之间，好像还有很大的差距。

## 无法解释的部分包含"隐藏的前提"

如上述内容所示，出现"无法解释"的感觉时，大体上这里面都含有"隐藏的前提"。所谓隐藏的前提，简单地说，就是指将根据与结论之间的差距填平的"一句话"。

因此，接下来我们思考，如果想要让"听力进步的人，托业的分数也会提高"，即"听力提升，英语的综合能力也会提升"的逻辑说得通，需要什么样"隐藏的前提"才能令人信服。

看到前文的图示，可以发现这个人认为托业分数＝英语综合能力。也就是说，在他的意见中隐藏的"一句话"是，"托业是有效测量英语综合能力的标准"。因此，接下来我们要思考，**这个前提究竟算不算对呢?**

若想要判断这个隐藏的前提"正确"或"不正确"，同样需要根据。因为，当我们说"这个前提是正确（或是不正确）的"，也都只是"意见"。

这里，我们来练习一下"寻找隐藏的前提的过程"。

①"意见"分为"结论"部分与"根据"部分，两者之间用"因为"箭头和"所以"箭头连接（参照 111 页）

②检查"结论" $\xrightarrow{\text{因为}}$ "根据"的逻辑是否合理

③检查"根据" $\xrightarrow{\text{所以}}$ "结论"的逻辑是否合理

④如果②和③的逻辑合理的话，这个"意见"就可以被视为合理

⑤想不通③的逻辑的话，要寻找隐藏的前提

⑥思考该隐藏的前提有没有正确的根据

## 检讨赞成根据的"隐藏的前提"

我们来看看写在纸上的"赞成企划方案的根据"。"赞成企划"这个"结论"与前面写在纸上的"根据"之间，是否含有隐藏的前提呢？我们来讨论一下。

通过单人头脑风暴，列出的"赞成根据"如下：

· 只靠听很方便

· 感觉日本的商务人士需要英语能力

· 提高词汇、语法和听力等能力

· 同类的 CD 商品都卖得很好

· 价格设定在中低档价位

· 预定的作者 T 大学准教授在商务人士间很受欢迎

· 有成为畅销商品的潜力（真正好的英语教材，很多都能卖 10 年、20 年）

"赞成这 CD 企划"的结论与"根据"都必须逐一检验。不过这里，暂且以"有成为畅销商品的潜力（真正好的英语教材，很多都能卖 10 年、20 年）"的"根据"为例来思考。

首先，我们将这个根据的部分做成图表。这个的根据可以分成两个阶段，所以做成图表就会变成图 4-4。

图 4-4  找出"隐藏的前提"

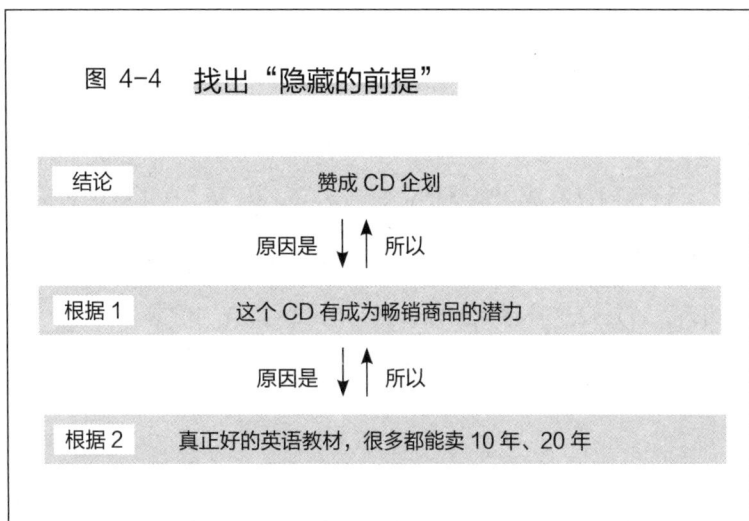

| 结论 | 赞成 CD 企划 |
|---|---|
| | 原因是 ↓ ↑ 所以 |
| 根据 1 | 这个 CD 有成为畅销商品的潜力 |
| | 原因是 ↓ ↑ 所以 |
| 根据 2 | 真正好的英语教材，很多都能卖 10 年、20 年 |

当根据被分成两个阶段时，我们要先讨论"结论"与"根据 1"的关系，接着再看"根据 1"与"根据 2"的关系。

"根据 1"与"根据 2"之间，"根据 1"扮演着"结论"的角色。

那么，再来看"结论" $\xrightarrow{\text{因为}}$ "根据 1"的关系。

赞成 CD 企划的原因是，"有成为畅销商品的潜力"。看起来应该没有问题。

那么"根据 1" $\xrightarrow{\text{所以}}$ "结论"的关系又如何？

"这套 CD 有成为畅销商品的潜力"，所以"赞成企划"，这个逻辑说得通吗？

听起来似乎不错。也就是说，"结论"与"根据 1"之间没有隐藏的前提。这两项基本上是合逻辑的。

其次，再来看看"根据 1"与"根据 2"的关系。在这里"根据 1"扮演的是"结论"的角色，所以我们先看"根据 1" $\xrightarrow{\text{因为}}$ "根据 2"的部分。

"这套商品有成为畅销商品的潜力"，因为"真正好的英语教材，很多都能卖 10 年、20 年"。在这个时间点，不论是感到不太对的人，还是没这种感觉的人，都应该继续检查"根据 2" $\xrightarrow{\text{所以}}$ "根据 1"的部分。

也就是"真正好的英语教材，很多都能卖 10 年、20 年"，所以"这套商品有成为畅销商品的潜力"。

好像还是无法理解。也就是说，这里面含有隐藏的前提。因此，我们要把它找出来。寻找自己心中的隐藏前提不是件简单的事。因为前提大多是自己想法的一部分，很多人根本没有意识到有前提这回事。

前提藏在自己逻辑的影子里，要找出它时，只要把隐藏的前提解读为"填平根据与结论之间差距的一句话"就行了。

**用对孩子说明的姿态来思考，就能看到"前提"**

寻找隐藏的前提时，若能用对孩子说明的姿态，相信应该会很简单。孩子的知识和经验都不多，所以说明的时候，若是省略前提，以为"这些不用说他也会懂吧"，那么孩子就会听得一头雾水了。

例如，当你传达"信号灯变红了，不能过去！"的信息时，为了让年幼的小孩理解，你必须说："信号灯是红色的，对吧。信灯号变红，就表示汽车会冲过来，很危险，所以不能过去。"把它做成图示的话，就会变成：

信号灯变红（根据）⇨表示汽车会冲过来，很危险（隐藏的提示）⇨所以"不能过去"（结论）

寻找隐藏的前提时，对方若是成年人，只要把原来认为"不用说那么清楚他也明白"的一句话（隐藏的前提），用上述的感觉将它说出来就行了。

回到刚才赞成企划方案的根据。"真正好的英语教材，很多都能卖10年、20年"，所以"这套商品有成为畅销商品的潜力"，如果将这个逻辑里"不用说得那么清楚大家也知道"的这句话还原，会怎么样？

跟刚才一样做成图示。

真正好的英语教材，很多都能卖 10 年、20 年（根据）

⇩

这套商品应该是"真正好的教材"（隐藏的前提）

⇩

所以，这套商品有成为畅销商品的潜力（结论）

最后，再看看该隐藏的前提是否正确，它的根据是什么。

"这套商品应该是'真正好的教材'"，可以算得上是正确前提吗？此外，因为我们不能看着还没有完成的商品，评断它是"真正好的教材"，所以这个前提有点奇怪。"不正确的前提"即使只有一个，它也会成为逻辑上的"漏洞"，所以这个"结论"部分，也就是"这套商品有成为畅销商品的潜力"的赞成前提"并不适当"。

此外，一件事有隐藏的前提并不是问题。但如果这个前提并不正确，整个意见就会失去说服力。因此，确认有没有隐藏的前提，再检讨它是否正确是十分重要的。

## 重新把焦点放在"音像商品企划"上

这里，要重新问一次"目的是什么"。这是在建立具有说服力的意见的过程中，最后的一个重点。

有时候针对一件事，从各个角度缜密地思考之后，会过度沉浸在"应该彻底思考"中，反而看不到最重要的重点，也就是处在"一叶障目"的状态。所以，有必要重新把焦点放在"我们讨论这件事的目的究竟是什么？'彻底思考的事物'最初所瞄准的目标是什么？"

再以音像商品企划为例来思考。

它的目的是什么呢？开拓新事业？还是有一种想提升日本商务人士英语能力的使命感？你的意见必须对这个"目的"来说有意义才行。若非如此，不论你的意见多么成熟，它还是会背离最重要的现实。

因此，在刚才写下赞成的根据和补充事项的纸上，再写上"目的"。这里，**要把目的缩减为一个**。而且要把目的放在最前面，用红色笔写下来。（参见图4-5）

把"目的"写在最显眼的地方，并仔细审视这张纸。如何？用这个赞成意见和提案，将企划做成实际的商品，好像就能达成目的。如果你的基本态度是"反对"，即站在否定的立场，那么似乎可以说，是因为你的反对意见，所以"无法达成该目的"了。在最后检查的阶段，如果得出的答案很粗略，像是"大体上好像能做到（或是好像做不到）"也没关系。毕竟目的能否达成，不到最后是无法知道的。只要得到大概的答案，意见就完成了。这张写了"目的"的纸，就成了"你的意见"。

## 图 4-5 "完全根据清单"（完全版）

### 在市面上推出这个商品的原因和目的

想提升商务人士的英语能力

### 基本态度

赞成音像商品企划

### 赞成根据

· 只用听的商品较为便捷
· 日本商务人士需要提高英语技能
· 提高词汇、语法和听力等能力
· 同样的便捷音像商品都热卖

### 提案（补充）

· 从"只用听"，到不只加强词汇、语法、听力等能力，而是包装成可以提高谈判、沟通、表达能力的教材，不是更好吗？
· 为了不被推出类似商品的竞争对手投诉，最好先排除法律上的问题。
· 如果畅销，也许有机会在海外销售，最好一并思考一下我们公司有没有可能拓展国外市场。

### 上述补充的根据

· 希望区分同类商品
· 只能提高词汇、语法、听力能力，无法满足商务人士需求
· 万一被起诉就麻烦了

### 障碍　　※ 视情况而定

· 现在才加入英语教材行业没有胜算

## » 一张 A4 纸就能做出更好决定的思考过程

　　接下来，我将归纳总结这本书里提过的方法，介绍"做出更好决定的思考过程"［以艾列克·费雪的《批判性思考导论》（Critical Thinking An Introduction）中所介绍的内容为基础］，总共有 5 个步骤。

①以肯定句写下难以决断的"行动"（例如"跳槽到 Y 公司"等）

②明确自己的目的，想想为什么要采取那个行动

③写出有哪些方法可达成目的

④预测可能获得的结果，写出发展顺利与不顺利的情况

⑤删去"不合乎逻辑"或"不具现实性"的项目

步骤 ①　用肯定句写下难以决断的"行动"

准备一张 A4 纸，在纸的最上方用肯定句写下犹豫的事，即难以决断的"行动"："我要跳槽到 Y 公司""去留学""独自创业"等。

用肯定句写是因为这样比较好思考。例如，你若写"不跳槽到 Y 公司"，后面的选项有"留在现在的公司"，或是"辞去现在的工作，但不去 Y 公司"，就很难明确自己到底在为什么烦恼。

应该选择 A，还是选择 B 呢？在多个选项之间摇摆不定时，先决定"我选择 A"，以它为基础写下肯定句。

步骤 ②　明确自己的目的，想想为什么要采取那个行动

起初为什么要做出该"行动"就是你的目的。要写在"行动"的下面。

注意它不是"理由"而是**"目的"**。要写**"为了○○"**，而不是**"因为 ○○"**。

其实在"做出更好决定的思考过程"中最麻烦的，就是锁定目标的过程。

要注意的点有两个：

一、目的缩减为一个（欲望太多的企划不会成功）。

二、不对自己说谎。

要问自己："我是为了什么而想采取这个行动？"像这样必须写出明确且真实的目的。如果在这里不写出真实的目的，随后的过程将会变得没有意义。

例如，假设问你："为什么想跳槽到 Y 公司去？"你真实的答案是："为了让太太开心（因为太太喜欢 Y 公司）。"

发现自己"真实"的目的时，最重要的是肯定自己。不要觉得"看太太脸色做事太丢脸"，找出自己真实的想法吧。

### 步骤 ③ 写出有哪些方法可达成该目的

若想达成刚才写在纸上的"目的"，有哪些方法可以尝试？尽可能把想到的选项都写出来。

假设"跳槽到 Y 公司"的目的是"为了赚更多钱"。那么，为了达到"赚更多钱"的目的，还有哪些方法呢？请独自展开头脑风暴。

在纸上写下"跳槽到外资体系的金融公司""跳槽到朋友那里待遇很好的创业公司""买彩票中大奖"等。在这个阶段，最重要的是无论如何要让大脑活跃起来，想出许多选项来。

此外，在最初"行动"那项里写的内容（跳槽到 Y 公司），当然也是选项之一，所以也和其他方法一起写下来。

**步骤 ④　预测可能获得的结果，写出发展顺利与不顺利的情况**

就和第四堂课一开始说的"预测未来"一样，从现实的角度，写下发展顺利与不顺利时的情节。

若是选择"跳槽到外资体系的金融公司"，就可能有"虽然跳槽过去，但不太喜欢工作性质，所以离职"（发展不顺利的状况）、"赚的钱比现在多一倍"（发展顺利的状况）等情况。

对于在最前面"行动"中写出的内容（跳槽到 Y 公司），当然也要写下两种情况。

为了不要到后来后悔"不该是这种结果"，请尽可能切实地预测结果。如果想到多个情况，请把想到的都写下来。

**步骤 ⑤　删去"不合乎逻辑"或"不具现实性"的项目**

仔细审视步骤③和④中写下的"方法""情况"，把"不合自己原则""觉得没有现实性""这种情节再怎么样也没办法应对"的选项都删除。

这样的话，选项就可限定在两三个。（参见图 4-6）

在步骤①所写的"行动"，大多会保留在最后的选项中，但在这里，我们应该把"行动"与其他选项一起做比较，想想哪一个最适合自己。

图 4-6　一张 A4 纸的决定表格（例）

无法做决定的行动

跳槽到 Y 公司

目的

为了发挥自身能力 → 在现在的职场已经无法发挥自身能力了吧

为了贡献社会 → 真的是这样？场面话？

为了讨太太欢心 → 为了赚更多钱

可以达成目的的方法

|  | 发展顺利时 | 发展不顺利时 |
|---|---|---|
| 跳槽到外资体系的金融公司 | 薪水是现在一倍以上 | 金融业是不擅长的领域，所以不喜欢工作内容，容易辞职。 |
| 跳槽到朋友的创业公司 | 赚大钱 | 与朋友关系变差→想要珍惜与朋友的友情 |
| 创业 | 可以赚大钱，也不用受老板的气 | 给家人造成困扰→想要珍惜家人→但是造成困扰只是暂时的 |
| 跳槽到 Y 公司 | 在喜欢的工作中赚钱→即使发展不顺利，也没有什么可失去 | 后悔跳槽→但如果是 Y 公司，就不会后悔？ |

是否适合自己可以在最后凭个人喜好来决定。

到这里，你已经彻底思考过了。但是，即使用再客观的眼光选出的"正确"选项，若不是自己喜欢的，最后还是很难付诸行动。

| 整理 | 想用预测未来获得现实选项的执行清单 |
|---|---|

☐ **预测未来的步骤**

    ① 想该方案"发展顺利"与"发展不顺利"时的情况

    ② 思考各个情况有没有能够采取的措施

    ③ 思考该行动有没有实现的可能

    ④ 思考该行动有没有现在执行的必要

Lesson

# 5

欧美人『交换意见』的规则

老　师：　"各位同学，你们都看完约翰的作文《理想的
领袖形象》了吗？好，我想听听各位对约翰的
作文有什么问题或意见。"

学　生：　"‘理想的领袖必须重视自己’，约翰，这句
话是什么意思？听起来好像只要自己好，其他
都无所谓的感觉。"

约　翰：　"不是那个意思。领袖不是要为大家服务吗？
但是，若是生病，或是失去自信，就不能为大
家服务了。所以，若是为大家着想，首先应该
要好好照顾自己。"

学　生：　"那我觉得你应该把刚才说的话写进去，否则会
造成误解。"

约　翰：　"我懂了。谢谢！"

学　生：　"我觉得非常有趣，因为约翰举了许多不同的例
子。不过刚开始的地方，有点不太好懂。稍微修
改一下比较好，比如……"

## » 了解被反驳时的规则

### ——为了让"意见"更有创新性

在前文的"某教室中的对话"中，孩子们所做的事叫作"同行评审"（peer review，相互评论之意）。"同行评审"就是对朋友的作文或发表的内容，互相批评、交换意见。欧美人认为，每个人应该拥有自己的意见，所以在他们的学校中，会将同行评审应用在许多不同的地方中。

交换意见，还要批评……听到这些，想必有人觉得自己很不擅长吧。

希望各位重新回想一下，第一堂课中说到"互相说出自己意见的文化，在日本根基太浅"的这点上。在重视察言观色的日语文化中，互相表达意见，不能算是"理所当然的行为"。

在用日语讨论的场合，通常很少看见有人对别人的意见进行质疑或反驳。

总之，我们虽然很习惯别人忽略我们说的意见，但是却不太习惯被人反驳或是提出问题。所以,对于被人反驳或质疑时应对的守则,日本人还无法得心应手地运用。

## 根植于英语文化的"意见冲突时的规则"

相对地,英语文化却是积极表达意见或提问的文化。

听到欧美人士的对话,会觉得他们从个人的喜好等小话题乃至社会问题都能交谈,并在批评或反驳彼此的意见中得到满足。有时候甚至令人觉得,没有必要对每件事都争论得这么热烈吧。

但是,他们通过这种日常训练,得到了两个非常重要的能力。

第一个是在提问和反驳中让不同的意见相互切磋,深刻感受到自己的意见得到升华。

另一个则是"意见冲突时的规则"。

在这堂课一开始的课堂情景中,孩子们进行的同行评审,只不过是欧美人平时常见的意见交换的升级版。正因为如此,孩子们即使没有特别学习"意见冲突时的规则",也可以没有障碍地交换意见,就算听到带有批判性的言论,也能淡然处之。

我们如果也能懂得"对抗意见时的规则",应该就更会接近辩论高手了。

## TED 的"同行评审"

大家知道世上最顶尖的演讲台在哪里吗？它就是 TED。在这个讲台上演讲（叫作 TED Talk）的，都是拥有"值得分享的好概念"（Ideas worth spreading）的人。在此之前，已故的史蒂夫·乔布斯、前美国总统克林顿、茂木健一郎等各界著名人士，以及从事"有点怪异"工作的人，都曾参加过 TED Talk。

为传承这种精神，2012 年在东京举行了第一次师资培训活动（TED × Tokyo Teachers），而我也有幸得到一次演讲的机会（我的 TED Talk 主题是 It's Thinking Time）。

TED 有一个非常厉害的策划团队，叫"TED Curator"，他们的任务是尽可能将演讲者的演讲内容修改得更好。演讲者会在事前向他们提交演讲稿，得到回馈后，再以它为基础，将内容修改得更精练。简言之，演讲者从策划人得到的，就是类似同行评审的回馈。

"听众对这些事都已完全了解，所以这部分可以全部删除。""这里要更具体一点。""你在幻灯片上打入文字，听众们会去阅读幻灯片，而没注意听你的演讲。""尽量把话题联系到未来。"……这些是我从那些策划人（英、美籍人士）中得到的回馈，老实说刚开始时感到自尊心受挫。但是冷静思考之后，我发现他们的每个意见都非常中肯。此时才深深地了解到，若想提高自己的演讲或建立意见的水平，没有比批判性的建议更好的良药了。

在推敲个人意见时，他人的意见至为重要。

到此为止，各位制作出的"具有说服力的意见"，可以清晰完整地传递出去吗？能够将别人的回馈当成良药，运用到自己的意见中吗？能让自己的意见进一步深化，变成具有创新性的想法吗？——接下来我要介绍的，就是达成这些目的的"规则"。

# 》 向欧美人士学习"交换意见"的规则

这里我要介绍的 14 项规则，是将我从熟悉辩论发言的欧美人士（尤其是英美籍）学到的方法作为基础，一再测试后归纳出来的规则。

1 至 5 项是关于发表意见的，6 至 8 项是关于反驳的，9 至 14 项则是用于回应对方反驳的规则。

## "说出"意见时的规则

规则 1　这世上没有绝对正确的意见

× "自己的意见可能是错的，还是别说了……"

○ "我是这么想的"（有各种意见是很正常的事，所以要说出来）

自己的意见是经过彻底思考后整理出来的，所以要有信心。尽管如此，在发表时还是会紧张。

这时候，我希望你能告诉自己一句话，那就是这世上没有绝对正确的意见。

有些人，不论在思考或谈论任何主题时，都会在不知不觉间有着"应该可以在哪里找到正确答案"的思想倾向。

但是，意见并没有"绝对的答案"。意见是每个人自己思考出来的。既然是人的大脑想出来的想法，每个人当然都会有不同的意见。

所以，发表意见时，请不要觉得"也许我想的是错的……"而且也不要说出类似的话。"错误的意见"只有在"正确意见"存在时才会成立。大部分的人也许会有赞成（或反对）的意见，但是从来就没有"正确答案"式的意见。

第三堂课中也提到，即使有人发表与你相左的意见，也不要认为"自己没用"。对手的意见是自我意见的肥料。

这项规则的位置，可以算是在传达意见时的原则。它在讨论时十分重要，请务必将它牢记。

规则 2 用对方听得懂的语言和文脉

× "制作两个版本，以测试各自的效果。"

○ "做分离测试。"

传达意见的行为，只有在对方理解的状况下才成立。所以，传达意见必须站在对方角度，随时把"用什么话来表达，对方更能理解""用什么流程来解释，比较容易理解"的念头放在心中。

基本上应该要留意运用简单的词汇和表达方式，但是并不表示任何场合都不可用难懂的专业术语。

例如，对于没听过"分离测试"这个词的人，就不要说"分离测试"，而是说"制作 A 与 B 两个版本，分别测试效果的测验"，或是进一步说明"分离测试"。但是，如果对方会经常使用"分离测试"这个词，那么直接说"分离测试"，反而更容易理解。

这也就是说，说明意见时应该配合对方的职业、知识和背景，选出容易理解的最佳词汇或表达方式，就可以了。

此外，说话内容是否流畅也十分重要。

例如，当你要对"只用听就能大幅提升英语能力的音像商品的企划方案"提出意见时，若是按以下的顺序说，你觉得对方能理解多少呢?

"只靠听的商品十分便捷,同类商品也卖得很好。根据这个企划,只用听就能提高语汇、语法和听力等能力。为了区分同类商品,我觉得把它包装成也能掌握谈判、沟通、演讲等能力的商品会更好。商务人士都需要提升英语技能,所以我还是赞成这个企划。"

像这样的表达方式,不能说是站在对方立场的说话。刚说到根据(只用听的商品十分便捷,同类商品也卖得很好),却又提议(我觉得把它包装成也能提升谈判、沟通、演讲等能力的商品会更好),然后又回到根据(商务人士都需要提升英语能力),最后终于来到结论(赞成这份企划)。这样曲折迂回,对方很难跟得上你的说话节奏。

向对方传达某个重大讯息时,若将说话的内容分成几个"区域",再就各区域做说明解释,会比较容易让人理解。用前面的例子来说,我们用结论→根据→提议三个区域为基础,组成流程。

"我赞成这个企划【结论】。因为只用听的商品十分便捷,同类商品也卖得很好,而且商务人士需要提升英语能力【根据】。只不过,我们必须做出区分,所以除了提高词汇、语法和听力能力外,若能包装成可以提升谈判、沟通和演讲等能力的商品会比较好【提议】。"

这样说的话，就比前面更容易理解了吧。

在刚才"易懂表达"的示例中一开始就先说结论，这是有原因的。如果不先说结论，听的人不清楚说话的走向，所以会觉得"这个人到底想说什么？我还得听他说多久才行？"而感到有压力。人一旦感到有压力，理解就会变得迟钝。因此不管在用词上，还是说话的文脉上，最重要的是不要给对方施加压力。

正因为要注意"说话时不要给对方施加压力"，接下来的第 3 项规则更加重要。

---

### 规则 3 揭示接下来说话内容的"地图"

× "因为○○，所以认为是△△。而且也有 XX 的原因，也会有□□的状况。"

○ "以下举出 6 个根据。"

---

这是习惯辩论的英美人士经常用的方法之一，即一开始就说出接下来说话内容的"地图"（说话的概要）。揭示这样的地图，会让自己的话更容易被人理解。

规则 2 中提到分"区域"说明的重要性。但规则 3 中介绍的"地图"，则是将这些区域一一列出来，让对方更容易看到谈话的整体脉络。

例如，假设你想对"能大幅提升英语能力的音像商品企划方案"表示"赞成"，而让你决定"赞成"的根据共有 6 项，想提议的建议有 3 项。

如果想在口头上表现这个内容的"地图"，说话的方式如下：

"我对这份企划表示赞成，根据有 6 项。先说根据，然后关于这个企划我有 3 点提议。根据一是……二是……（中略），根据的部分到此结束。其次，我想说 3 点建议，首先是第一点……"

口头揭示"地图"时的要点，请参见图 5-1。

以这样的流程说明，听讲的人会觉得好像有说话"地图"可供参照，顿时放下心来。"原来如此，根据有 6 项，建议有 3 点啊""现在在听 6 项根据中的第 3 项呢"，说话的整体走向很容易把握，也不会有"这次演讲会讲到什么地方？又要说多久呢？"这样的疑惑。总之，听众就可以专心去了解你想说的话（意见）了。

---

**规则 4 重要的地方用不同的表达方式再三重复**

× "提议开发能够提升沟通能力的商品"（重要的部分只说一次）

○ "提议开发能够提升沟通能力的商品……我觉得开发能沟通学习能力的商品十分重要。"

图 5-1　制作说话"地图"的要点

叙述说话整体的流程（结论→6 项根据→3 点建议）

例　"我赞成。首先，请让我说明 6 项根据，然后再对这份企划提出 3 点建议。"

要在每段话开始之前，介绍接下来要叙述的"内容"

例　"首先说一下根据。第一个是……第二个是……"

一段话（例中的"根据"）结束后，要明确地表明这段话根据结束了。

例　"有关根据的话到这里为止。"

提示听话者要开始下一段内容（例中的"建议"）

例　"接下来，我想要叙述 3 点建议。"

口头传达冗长的意见时，听众很容易注意力不集中。对于这一点，大家最好要有心理准备。

不论运用多么简明易懂的表达方式，就算揭示说话内容的"地图"，对方也有可能注意力不集中。有时突然在意时间，有时因为肚子饿而无法专心听，又或是你的发言令他联想到别的事物等。只要是人，就容易被其他事物干扰。

当我们在想其他事情时，对别人说的话便会置若罔闻。听众有可能也陷入同样的状况。考虑到这一点，在演讲中多重复几次重点会比较保险。

但是，同样的话一再重复（因为其中也有人高度集中，没有被干扰），听众可能会觉得"每句话我都有在听啊，真啰唆！"所以，在想要大家确实听见、理解的地方，可以做些微妙的变化，散布在整段讲稿当中。

---

**规则 5 避免武断的语气**

× "○○的话不行。"

○ "○○的话可能不行。"

---

意见并不是单向传递之后就结束了。传递意见之后，需要得到别人的回馈，进而升华主题。这才是辩论或意见冲突的应有的效果。因此，意见的发表者展现"我想获得大家的回应"姿态，也是十分

重要的礼仪。不管再怎么有自信的意见，都可以用像是"我认为这是非常好的一点"的表现，常用"我认为"这种字眼，或是低调地用"不也可以说是○○吗"来表现。这种说话方式，在促进讨论的活跃度，或是避免被认为自己有强烈主见时都十分重要。

## 被反驳时应该留意的规则

目前为止，已经介绍完"发表"自己意见时要注意的规则，接着来谈谈被反驳时应该留意的规则。

---

规则 6　反对 ≠ 否定人格

×　"别人出言否定我……那个人一定觉得我是个糟糕的人吧。"

○　"别人出言否定我……为什么那个人会说那种话呢？"

---

"你的意见中，这里有点奇怪。""你的想法不怎么样。"听到别人这么说自己，会有点忐忑吧。

但是，就算别人否定了自己的意见，也请不要觉得"○○认为我是个糟糕的人"，"他讨厌我"。若是认为自己的人格被否定更是毫无道理。就算有人提出反驳，他反对的是你的意见，而不是你这个人。

在很少发生意见冲突的日本，常常有将"意见"与"发言者"

视为"一体"的倾向。提出意见的始作俑者就是该发言者，但意见出现冲撞的时候，如果把那个发言者的人格当成那个意见的影子一样，夹缠在所有的意见中，就不能把发言者和意见区分开，切实地"思考"意见本身的内容了。

任何人听到有人否定自己，都会感到不愉快。但是，重要的是应该立刻告诉自己，这种否定的态度不是冲着"自己"，而是针对自己的"意见"。

**想象对方的背景，就能把"意见和发言者"分开**

留意与对方的"意见"保持距离，就能比较顺利地区分"意见是意见，与发言者是两回事"。至于该怎么做，不妨在对方说出有否定性的言辞后，把该意见当成"观察对象"，从客观的角度审视它，思考为什么这个人会说这样的话。

例如，假设你对"只用听就能大幅提升英语能力的音像商品企划方案"表示赞成，而一名前辈员工批评说："我们公司怎么可能做英语教材！"

首先，在这里请不要觉得"啊，果然不行"或是"那位前辈不认同我"。这是重要的"出发点"。

其次，再思考"那位前辈为什么会有那样的反应"。"说起来，那个人经常说出否定的意见。可能这是他的性格。"接着再继续想"为什么会有那种性格呢？""与生俱来？""过去遇到什么不幸的事？"等等。

按顺序来说，听到否定的意见→想象一下为什么他会说这种话，和那个人的性格、背景→从"只有他才会想到这样的意见"的角度，再一次思考他的意见。

这个人为什么会说出这种话来呢？像这样去想象他的理由和背景，应该也表示你努力想对这个人有更多的理解。

而当你把注意力转向"多了解一下否定自己的那个人吧"时，对该言论的愤怒情绪就会渐渐消失，从而冷静下来，这样就产生了良性循环。

第五堂课的最后，会介绍如何在遭到否定时保持冷静。（参见155 页）

---

**规则 7　把否定当成对方的"提问"**

×　"这办不到。"→"那应该怎么做！"

○　"这办不到。"→"为什么办不到呢？我们要怎么做才能修改成'办得到'的提案呢？"

---

尽可能让对方的否定评论，成为自己意见的肥料。

否定的评论，有很多种的表达方式，如"很难说""难以赞同""不行"等，这些全部都可以理解成是"问题"。

被别人说了不……如果你这么想，就会感到绝望。但若是想成对方是在问你问题，就能冷静地看待这件事。总之，当被人否定时，不妨想成对方是在说："我觉得你的意见缺乏说服力，你认为呢？"

为了把他人的否定变成自己意见的肥料，请想想为什么这个人要否定你的意见，尽可能找出他的根据。如果"为什么要反对我"这样的问法太尖锐，就说："可以请你说得稍微详细一点吗？"

对你的提问，如果对方能拿出确实的根据，就赶快写下笔记。写笔记也能传达"尊重对方"的信息。因为对方说的话很可能有重要的关键信息。被人否定之后，会心情低落，有时也许无法接受他人的"根据"。但写下笔记，之后可以重新阅读，这样就可以将对方给自己的回馈，反映在自己的意见中。

与其因为被人否定而不愉快，倒不如从中学点东西让自己有所收获。认真表现出尊重对方的态度，也许你的声誉也会有所提升。

---

规则 8 不打断对方说话

× "不对，我想说的不是那个意思！"

○ （先认真听，自己想插话时可以打手势）

---

当对方反驳我们时，就会忍不住想插嘴说"我想说的不是这个意思……"或是"话虽然这么说……"，但是这里要克制住这种冲动。尊重对方是件十分重要的事。我知道这话大家早就知道了，但至少请听完对方所有的话。

即使是欧美人虽然对别人说的话提出疑问、问题，就像喝白开水一样自然，但只要对方一旦开始说话，原则上就会彻底地当个"听众"。

但是，如果对方说话太过冗长，继续做听众，话题很可能转到不可预测的方向。在这种时候，你可以做出"我可以补充一句话吗"的手势，然后将上半身夸张地向前倾（这是欧美人想插话时，经常使用的姿势）。

即使如此，对方还是不想中断谈话时，你可以把手举高到肩部，以手势要求发言权。这是很常见的表达方式。

**回应反驳的规则**

接下来我再来介绍"回应反驳"的规则。

---

规则9 "不懂装懂"不可取

× "？？（听不懂，不过不管了）"

○ "可否指点一下，你说的○○就是指△△吗？"

---

"不懂装懂"有多么大的破坏力，我在第二课的"深入理解"部分已经提过，而在回应对方的反驳时也一样。

当对对方的反驳中哪怕有一点"听不太懂"的地方，请务必提出疑问。在似懂非懂的状态下回应"我觉得你说的话不切合实际"等，是最不可取的态度。

这里也是一样，关键在于尊重对方。如果不注意说话方式，有时即使是"您说的话我听不太懂"这样的表现，也能带有挑衅的意味。

所以，请不妨多下点功夫，运用"你说的○○就是指△△吗"这类表达方式，或是加入"也许我了解得不够透彻，可是……"的表达方式等。

在辩论中，听了对方发言内容却以"听不懂，不管了"的这种想法而放弃了解对方说话内容，就是不尊重对方的态度，也很有可能令这场讨论失去意义。

---

**规则 10 全盘接受对方的意见，并不是"尊重"**

× "您说得很对。"（没听懂他说什么，不过先给予肯定）

○ "谢谢您的指导，顺便一提我……"

---

尊重对方并不等于必须全部接受对方说的话。例如，对方否定了你的意见，你无法接受，却说"您说得没错"，这种反应并不是"尊重"而是"全盘接受"。

但是并不表示说"你完全没听懂，我想说的是……"就是尊重对方的说话方式。

那么，什么样的做法才是尊重对方，又不随意接受对方意见的方式呢？

这里我们再参考习惯辩论的欧美人的做法。

习惯互相批评对方意见的他们，在应对反驳时有个"顺序"。这个顺序就是，首先接受对方的反驳→话锋转到自己的反驳。

先将对方的说辞仔细听懂，用"谢谢你的意见"表示敬意并接受。此时，如果不能切实理解对方的话，就会用"你说的〇〇就是指△△吗"来确认。然后再说"我的想法是……"等自己想要说的话。这便是理想的讨论模式。我想在日本企业中，还有很多人难以将这种做法付诸行动。不过，坚持这种精神是十分重要的。

---

**规则 11　不要跟随对方的脚步**

×　"你上次提的企划，听说失败了啊。"
　　"〇〇先生，你不是也赞成那个企划吗？"

○　"你上次提的企划，听说失败了。"
　　"那时候的确失败了，不过跟这次的提案没有关系。"

---

有的人说话怎么看都像是来找碴儿。"你上次提的企划，看来失败了哦""现在还为时尚早""那种方案我们公司办不到"等，

你身边应该也有这种没有根据、只会批评别人的人吧。

人身攻击，或是没有根据的批评，在讨论中是犯规的。

万一出现这种犯规场面，最重要的是先接受对方说的话。例如，有个人说"你上次提的企划，看来失败了"等与意见没有直接关系的话用来批评你。这时，以"那时候的确失败了，不过跟这次的提案没有关系"的方式，在接受对方说的话后，毅然把话题转回主题，是最明智的做法。

最不可取的方式是跟着对方的语气，用"关于那个企划，○○先生，你当时不是也赞成吗"等来反击。这么做的话，很容易把自己降级到对方的水平。而且，这时应该讨论的是你提出的意见，而不是被对方的挑衅所激怒。在这种时候，不要情绪化，与对方的评论保持理性的距离，就不容易自乱阵脚了。

回归正题，没有根据就说结论（例如只说"那种方案我们公司办不到"，却没有根据），在讨论中是大忌。

---

**规则 12 问根据，说出来**

× "根据是什么呢？不知道，不管它。"

○ "根据是什么呢？问问看。"

---

习惯互相交换意见的欧美人士，天天都会实行的"表达意见形式"，那便是"结论—根据"的组合。

我以前就职过的公司有位英国同事。他的说话方式多是"这是

○○，原因是……""我是这么想的，原因是……"的模式，经常把"原因是"放在嘴上。

欧美人士经常会说"我认为是○○，因为……""是△△吧。因为……"。英语这样说没有什么奇怪之处，但如果译成日语，就会产生"不厌其详地说明根据，发表意见"的感受。但是，只要有根据就会容易理解对方说的话——"这个人原来是有那样的根据才这么说的"。

大家已经了解到，所谓的意见是在拿出根据来的时候才有意义。对方没有说明根据的状况下，要在可以提问的氛围中，还是需要问清楚根据。

"您这么说的根据是什么？""为什么您有把握这么说。"这种问法如果会触怒对方，不妨换个提问的方法。例如，你如果是想问"那种方案我们公司办不到"的根据，有一种办法是与对方站在同一立场后再提问，如"原来如此，科长是这么想的啊。果然公司办不到，但原因是什么呢"。

---

规则 13  不要假装自己什么都懂

×  "完全没想到有人会问那样的问题。随便回答一下好了。"

○  "完全没想到有人会问那样的问题。告诉他待会儿再回答好了。"

有时别人会对自己的意见提出自己无法回答的问题。每个人都有自己的立场，因此对方提出这种不着边际的问题，也没什么好奇怪的。

例如，你要针对"只用听就能大幅提升英语能力的音像商品企划"发表意见，参加会议的同事提出这样的意见："今后是中文的时代。大家在学校里大致都学过英语，但在日本几乎所有人都没有中文基础。如果要出音像商品，出中文的比较好。"

如果你对中文未来的市场需求有一定程度的认知，就可以根据你的认知范围内回答。但若对方的提问让你难以招架时，该怎么回应呢？

本书中一再强调，我们本来就不该对不理解的事物抱有任何意见。

但是，有人在"并非完全不懂，但知道得没那么清楚"的范畴内提出疑问时，我们有时候会假装了解而随便回答。

因为有人提问了，不说点什么很丢脸。这种心情我非常了解，但还是应该尽可能地忍下来，告诉对方："关于这个问题我没有想过。我先调查一下，下次再回答你。"

---

**规则 14　要反对，就要提出替代方案**

× "我反对那个意见。"

○ "我反对那个意见，替代方案是……"

---

最后的规则可以称之为特例，是在别人发表意见时需要注意的事项。

只是一味反对，却没有任何替代方案。这种人其实意外地有很多。但是，这从讨论的礼节来说，并不是很好。

在欧美国家，尤其是与美国人谈话时，不时会被对方逼问："如果你反对我的方案，那么其他还有什么样的方案呢？"（即使是中午要去哪里吃午饭等层面的话题，也会被对方这样反问。）

例如，朋友提议"去吃中国菜吧"，但你反对"中国菜，不想吃"，但也拿不出替代方案。于是，既不能去吃中国菜，又没有其他方案，好像哪里也去不了。这么一来，话题也就无法继续。

当各位成为别人意见的倾听者时，若想反对他的意见，请尽可能说一个替代方案。

提出替代方案，是比较有建设性的反驳。将最初提出的意见与替代方案加以比较和讨论，可以让意见变得更有深意、更具体。我认为这才是最理想的讨论形态。

此外，若是赞成对方的意见，也请具体说出你赞成的是哪个地方，为什么赞成。讨论会中经常会见到许多人只会说"我觉得非常好"就结束了，缺乏具体的内容，让人感觉像是"随便敷衍"一下，或是被认为只是在恭维对方。而且，对被称赞的对象来说，他无法得知好在哪里，也不能作为今后的参考。

## 对意见"负起责任"

关于"交换意见应注意的规则"到此结束，但最后我还想提醒各位一件事。

那就是，说出意见时，不论自己的意见会引起什么样的结果，你都要有负起责任的心理准备。我认为，若是有意成为一个持有"个人意见"的人，这是必须随时放在心里的原则。

每当我对"自我意见"感觉还很模糊不清时，我的美国朋友就会问我有关"心理准备"这个问题。

"有那样的意见是你的自由，但你能把意见直接向对方说出来吗？如果你说了之后，发生了无可挽回的事，你有负起责任的心理准备吗？"

这是在传达意见之前，检查"自己是否真的觉得这个意见妥当"时一个非常有用的质疑。

美国朋友平时表达意见，看似漫不经心，其实他们内心里都有"我的意见若是引起什么不好的事，我也要一并承受"的心理准备。当我发现这一点时，大吃一惊。

当然，他们也并非随时都保持这种意识。但是，在重要的场合都会有所准备。可以看得出这种态度都融合在他们的"意见"中。从好的方面看，他们都感受得到"自己的责任"。

## 彻底思考过才更要有自信

那么，对自己的意见负起责任，具体应该有什么样的"心理准备"呢？我来举例说明吧。

假设你正犹豫着要不要去见上司谈加薪的事。最近你的业绩优秀，公司也给了奖金。但是你觉得没有拿到应该得到的薪水。"这样下去，对工作的热情会降低，还是鼓起勇气去说吧。"

于是，你对上司说"我希望能够加薪"，心情舒畅了，也许会真的加薪了。

但是，也可能被上司推托了事，也许上司会嘲笑你说："你这话是认真的吗？"或是被周围的人说："那个人对钱斤斤计较""拿了奖金就自以为了不起"。在这种状况下，你是否还是想要求上司加薪，就是个重要的关键。身为一个成年人，不负责任地发言，或是没有心理准备的发言，原本就是不被允许的。

那么，我们该怎么样才能有这种心理准备呢？一是对自己的意见要有自信。当然，这并不是要你摆出"我的意见最正确"的架势，而是希望你能拥有彻底思考后的自信。如果你的意见已经经过本书前面所有思考过程的锤炼，就应该有自信地想："我真的很努力地思考过了。很了不起吧！"

## 》 练习"冷静"

在讨论中最重要也是最困难的，就是自己是否足够冷静。如果无法冷静，彻底思考的意见也等于白白浪费了。

因此，我要介绍"冷静"的练习。

不论在职场，还是在私人生活中，一旦听到有人用批评或反驳的语气对自己说话，顿时觉得会有些恼火吧。

遇到这种场面，就是实践这个练习的机会。请按照以下的步骤开始练习。

①对与自己有不同想法的人，不要产生他是"怪人"，或是觉得"自己不对"这种主观判断。

②想象那个人的立场，思考"这个人为什么会说这样的话"。

关于②的部分，可以用以下方法练习：

·熟悉的人

依照这个人的性格、脾气，总是会说这种话吗？什么样的背景造就了他这种性格？用这种模式去想象对方的用意。

·不太了解的人

是什么样的背景让他说出这种话？他有过什么样的人生经历？等，尽可能地去想象那个人的立场。

尽管尽可能地想象了，也没办法完全看透他的"立场"是什么。

但即使如此也没关系，这个练习的目的是让你一时愤怒的心情尽可能冷静下来。

这样想过之后，原本用在"愤怒""沮丧"的意识会转移到"想象"上去，所以很容易冷静下来。一想到"这个人因为立场是○○，所以才会这么说吧"，也就能把它当成一种意见而坦然接受了。

特别要注意的是，不要对对方产生"说出这种话，这个人真可怜啊"等怜悯的心情。而是用"这人真是有趣啊"这种积极的心态去看待事物。

## 交换意见的 14 项规则

规则 1  这世上没有绝对正确的意见

规则 2  用对方听得懂的语言和文脉

规则 3  揭示接下来说话内容的"地图"

规则 4  重要的地方用不同的表达方式再三重复

规则 5  避免武断的语气

规则 6  反对 ≠ 否定人格

规则 7  把否定当成对方的"提问"

规则 8  不打断对方说话

规则 9  "不懂装懂"不可取

规则 10  全盘接受对方的意见，并不是"尊重"

规则 11  不要跟随对方的脚步

规则 12  问根据，说出来

规则 13  不要假装自己什么都懂

规则 14  要反对，就要提出替代方案

# Last

Lesson

发现『问题』是『思考』的开始

建立自我意见的课

孩　子：　"今天我带了我最喜欢的玩具车来，所以我来

谈谈它。这是跑车。是我 3 岁生日时，爸爸买

给我的。我总是跟它一起玩。哥哥要我借给他，

我绝对不借。因为这是我最心爱的宝贝。"

老　师：　"这部车是你求爸爸买给你的吗？"

孩　子：　"是啊！我想要这部车好久了。"

老　师：　"为什么你喜欢这部车呢？"

孩　子：　"为什么啊……那个，为什么呢，不知道。"

## 模糊不清的情绪中，藏着真正的想法

　　前文中介绍的"某教室中的对话"，是想象欧美幼儿园的一个场面编写而成的。

　　这里孩子们的活动叫作 Show & Tell，也就是孩子对自己喜欢的事物发表想法。在这里，被老师问到"为什么喜欢那个玩具"时，这个男孩不知道该如何回答。

　　等一下我再解释这意味着什么。首先，我想从跟大家"彻底思考"有直接关系的话题谈起。

　　那就是"想要成为一个能够彻底思考的人，必须从平时就要注意"。

　　这本书中已从各个方面，谈到英美人与日本人思考方式的不同。但是有些重点，我还没有提到。

那就是，与英美人相比，日本人对于"不太对劲""好像不太能理解"的感觉，常常有置之不理的倾向。

大家是否曾经有过感觉"不太对劲"，却置之不理的经历呢？

例如在会议上，尽管对某人的发言觉得"好像不太能理解"，却任他继续说下去；或是坐出租车的时候，计价器上面的金额比平时高，心里尽管有些疑问，却仍然付了显示的金额；与别人谈重要的事，就算发现"这与我想的有点出入"，但却无视这种感觉继续谈下去，直到后来发生问题，等等。

我也常听到日本人因为对方的失误而受到损失，却说"反正结果并不严重"，连谈都没谈就不了了之的故事。

例如，有个人因为通信公司的失误，一整天不能上网，也耽误了一整天的工作。这个人知道第二天网络就会连上时，据说还向该公司道谢："今天可以用了吗？谢谢你们帮我修好。"

这个人对这种事态明明感到"不太对劲"，但是他却说："叫他们向我道歉，就能让网络变好吗？""对方也没有恶意，唉，算了。"就不再提起了。

## 藏在"有些在意"中的东西

我并不是不在意它有什么不对，也不认为美国人那种发起诉讼或主张权利的方法比较好。

不过，我比较在意的是明明有种难以释怀的情绪，然而却放任不管。心情上既然有些忧虑，为什么不面对这种忧虑的情绪，问问自己不能接受的心情是什么，为什么会有这种感觉呢？

因为通信公司的失误，而耽误一整天工作的人，也是一样。如果真的感觉"一天不工作也没关系"，就不会"觉得不太能接受"。

觉得不能接受，就表示自己心里明确有着难以释怀的"某个东西""虽然不太明白，但很在意的事"。而**"在意的事"大多数时候，对那个人来说，都是"重要的事"**。

既然"某个东西"是"重要的事"，就必须了解它的真相。

那么，我们如何才能抓住那个重要事情的真相呢？

## 有疑问，就要直视它

第一步必须做的是找出"哪里不太对劲"。因为"虽然不太明白，但是心里却觉得不妥"的心情确实存在。

不习惯的人一开始也许会觉得这很难。只要一旦习惯了"虽然有点不太对，但不管它好了，先放一边"的态度，可能连这种"心情"的存在都不太容易察觉。

但是，不用担心，只要稍加练习就可以察觉到了。

这种练习其实非常简单。无论是在私人的事还是工作上的事，一旦心里有了的疑问，就不要轻易放过它，察觉疑问的存在，并承认这种情绪。只要做到这样就行了，然后将它变成习惯。

察觉自己心中感觉"好像哪里不对劲"后，接着便尝试"**在积极的层面上对自己任性一点**"。

"在积极的层面上对自己任性一点"，当然不是指凡事以自己的情绪为重，肆意妄为，而是真实地面对自己的心情。

例如，有一天你觉得对自己小组的工作方法"有点讨厌"。

若是如此，就不要压抑这种想法，也不要开解自己"我太不成熟了，才会有这种想法"。而是姑且接受自己有"哦，原来我觉得讨厌"这种心情。这就是在积极的层面上对自己任性。要安慰自己，认同自己的这种心情。

## 掌握"情绪的本质、根据"，认识重要的事

认同自己的情绪之后，接着是明确该情绪的本质。

例如，某个人因为网络断线，一天的工作都无法正常展开。心里有点不愉快，觉得"有什么不对劲"。因此，先试着问自己"这种'有点不对劲'的心情，究竟是什么？"然后，再从各种角度思考"不对劲"的本质是什么。

"罪恶感吗？工作延迟产生的焦虑？因为别人的失误，耽误了自己的工作所以生气？还是心情郁闷？"大概就是这种形式。在持续自问的过程中，就能看清答案了："说不定根本原因就是这个？"

例如，假设"有点不对劲"的本质在于"心情郁闷"。了解到本质后，接下来就要问自己"为什么会有这种感觉"。用现在这个假设来说，就是要问："为什么会感到心情郁闷？"

假设这个问题的答案是："因为一天不能工作，接下来两三天就得熬夜赶工。工作到太晚，晚上就不能像平常那样在家里轻松休息。"到了这个步骤，这个人才终于察觉到"晚上轻松休息，对我而言是件非常重要的事。休息的时候，我就像是在给自己充电。"

## "任性"的重要

前面提过，意识到"有些不对劲"后，最重要的是"从积极的层面对自己任性一点"。但了解到自己重视的是什么之后，也有必要再次对自己任性一点。为什么呢？因为"重视的事"当中，很可能藏着每个人引以为豪的"优点"。

意识到"晚上轻松时光非常重要"，也许会发现那段"轻松时光"，自己实际上也只是躺在床上喝酒，有一搭没一搭地看着低俗的电视节目。也许会觉得自己真差劲，竟然会"重视"这么没有效率的时间。

但是，这里你不需要觉得"差劲"。只要那些"重要的事"没有违背社会或伦理，无论是否有效率，坦然承认它对自己真的重要就可以了。如果不能认同自己不完美的那一面，**就没办法注意到真正重要的事**。

模糊不清但有点在意的感觉，并不只限于负面的事物上。

例如，假设你听了某人的演讲，不知道什么原因，只是"感觉很棒"。这种时候，也不妨问问自己"感觉很好的本质是什么""我为什么会有这种情绪"，相信从中会有重大的发现。

也就是说，不管是负面情绪或是正面情绪，你都应该像 167 页图 1 那样，通过这种方法直面自己的内心，寻找自己重视的事物。这么做之后，就能挖掘出自己心里的芥蒂。

了解自己"重视的事"，并多了解自己，在持有自己的意见上，也是个不可缺少的态度。

图 1　对自己重视事物的察觉顺序

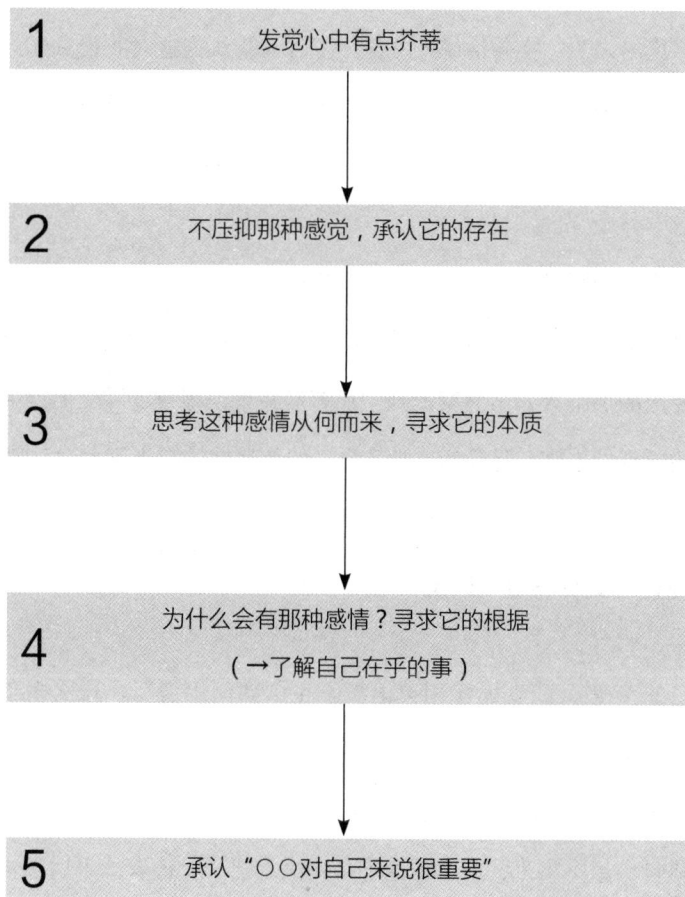

| 1 | 发觉心中有点芥蒂 |

↓

| 2 | 不压抑那种感觉，承认它的存在 |

↓

| 3 | 思考这种感情从何而来，寻求它的本质 |

↓

| 4 | 为什么会有那种感情？寻求它的根据<br>（→了解自己在乎的事） |

↓

| 5 | 承认"○○对自己来说很重要" |

在第五堂课中曾经提到：想要发表意见，就要有相应的心理准备。也就是说每个人心理要有准备：自己想发表的意见，不论会引发什么难以应付的场面，我都会负起责任。"不论别人怎么想，我都要说出来"，换句话说，就是"正因为我认为这对我很重要，所以才下定决心说出来"的心情。因为明白它对自己很重要，所以才产生了"意见"，并且有了想传达出来的想法。

当我们察觉到"○○对自己来说很重要"时，其出发点不就是来自于隐约"有点在意"的感觉吗？前文中烦恼不知该不该提出加薪要求的那个人，虽然察觉到"加薪对我来说很重要"，但这种感觉的原点，也许正是隐约感觉"自己的待遇好像有点不太对"吧。

## 不要让"某种感觉"溜走

20 年来，我在大学用英语教学生"如何思考"。这么多年，我看过很多学生无法认清自己重视的事。很多学生向我坦白："我烦恼了一个月，还是不知道对我来说什么事最重要。"有些学生说："我自己想不出来，所以请老师帮我决定吧。"还有学生后来才发现自己最在乎的事，就是欺骗自我，因而惊慌失措。甚至有学生因为找不到自己最重视的事，而哭了出来。

也许有人会说，他们还年轻，找不到也是很正常的。但是我认为，重视、在乎的事，与年龄无关，只要平时常常去注意它，自然就会明白的。"自己原来最重视这个！"的意识从何而来呢？大多数时候，都是从"有点不对劲""感觉很棒""有点在意"等，这种自己心中还没能化成语言的心情来的。面对心中"无法言喻的愉快、奇怪、在意"的感情，也许很多人都不擅长。但是，我想即使是欧美国家的人，也是经过练习后，才能如此坦诚面对自己的心情。

以前，一位美国朋友告诉我这样的故事。读幼儿园的时候，他带了心爱的玩具到幼儿园，介绍给大家。当老师问："为什么喜欢那个玩具呢？"他却答不出来，只能站着。

那个朋友说："小时候，完全不懂自己的感觉，像是为什么喜欢，什么东西对自己最重要。但是，我想大家刚开始时，都跟小时候的我一样吧。"

我并不是说，这位朋友的想法可以代表所有英美人士，但是可以确定的是，说这句话的朋友，现在已经是个"拥有明确的意见，并能将其传达出去"的人。正因为在学校和社会，接受过这种练习，才成就了今日的他。

所以，任何人都能经过练习而掌握这种能力。

| 结论 | 察觉自己重视事物的清单 |
|------|----------------------|
| □ "重视的事"藏在"无法接受""有点在意"的地方。<br>□ 有疑问时，寻找它的原因。 | |

# 后 记

我在大学从事英语教育多年，在我看来，在大学受教育的学生，大多数在语法或词汇上都已具备一定程度的英语能力。

然而，不论语法和词汇等能力如何强以及发音和听力如何优秀，大学生"用英语说话的行为"还是与英美人士有明显的差距。

抛开英语不是母语这一障碍，有些大学生说话的内容实在少得可怜，而且几乎感觉不到"我有些话一定要告诉各位，请你们听我说"的这种热情。

此外，也几乎从没看到人们在发言时互相质疑，迸发出什么火花的感觉。

## 与欧美人"说话行为"的差距

究竟这种差距从何而来呢？应该怎么做才能把学生带到"英语母语者"的说话水平呢？从开始我教师生涯那天起，这就是我的烦恼。

经过反复的研究和测试，我忽然发现，与英美人"说话行为"上的决定性差距，就是在"意见的强烈度"上。

我发现英美人不但针对某事说出意见，而且还会对自己的意见给予相当强有力的说明。但有些人不太表达意见，就算说了，也会选择最精简的说明方式。

因此，我做了一个假设："日本人发言的'意见'太少，既然如此，若是能促进他们说出意见，日本大学生应该就更能接近英语母语者的程度了吧。"

我便在这样的假设之下开始指导大学生。

但是，临时鼓励学生们说出意见，却发现好多学生连自己的意见是什么都不太清楚。

在与学生们"切磋"的过程中，我才渐渐明白，在日本表达意见的场合比欧美国家少了很多，而且学校里别说是发表意见，连持有意见的方法都几乎没有教过。

因此，我决定在教英语之前，先从"持有意见是怎么一回事"教起。

于是，我开始注意日本与欧美思考模式的不同，摸索"自我意见建立法"，开始了我的教学工作。同时，我盼望孩子们也感受到建立意见的喜悦，所以创办了为小学生而设的思考学校。各堂课开头的"授课情景"，都是我实际教授孩子们的课程。

现在，我也教商务人士英语和"自我意见建立法"。从小学生到商务人士，我在常年与各式各样"意见"战斗中出版了这本书。

这本书所介绍的彻底思考过程，非常长且有一定难度。读者们或许会感觉从头到尾学习这些方法，在时间和体力上都是严格的考验。这种时候，请你们在能力范围内做自己能做到的就好。可以只尝试关注自己的意见是否有依据，或是尝试只增加一个观点。或者，你也可以只尝试预测自己的意见会引发的结果。

只要能在彻底思考的过程中前进一步，你的意见都会与以往有明显的不同。

也许发表彻底思考意见的场合还是少之又少。但是，"思考"是一种习惯，只要平时照着本书写的方法去实践，日积月累，一旦有需要，你就能说出有说服力的创新意见了。


在最后，我想特别说明，写这本书时，我得到了许多人的鼓励和帮助。

总是在"思考是什么，现今人们需要的思考力是什么"等方面给予我灵感的大学和 Wonderful Kids 的学生们，给予我精彩意见的好友，在这里向你们表示由衷的感谢，这本书的完成归功于你们。

另外，我也要感谢一直支持我的家人。谢谢。

狩野未希

# 出版后记

许多职场人士在工作中或多或少地都会有过这样的苦恼：表达自己的想法或意见时，对方好像不太理解，甚至有时候会误解自己的主张；开会讨论时，除了点头称是之外，无法提出任何有建设性的意见，从头到尾闷不作声……

之所以会发生上述情况，其最大的原因就是思考力的欠缺，无法系统地建立、表达自己的意见。同时，意见也需要有凭有据，而不是随口而来的"我觉得……"这种意见并不是一个能够让人信服的好意见。

本书作者狩野未希在日本的庆应义塾大学、圣心女子大学等知名院校担任讲师，在大学教授有关思考力和英语的课程长达20年之久，对于如何建立意见和打造强大的思考力有着独到的见解。

本书采用每章一堂课、共六堂课的形式，让你彻底了解到面对一件事应该如何思考以及思考过程中应该注意的问题。本书作者以哈佛大学提倡的"自我意见建立法"和"批判性思考"为基础，融入自身实际的教学经验。从意见的建立，到让思考更有深度的技巧，再到如何与他人交换意见等，本书教你如何按部就班地训练"独立思考能力"，让你的大脑随时保持清醒，随时随地提出真知灼见，拥有与众不同的自我意见。

相信这本书一定会给你的职业生涯锦上添花。

服务热线：133-6631-2326　188-1142-1266

服务信箱：reader@hinabook.com

后浪出版公司

2017年1月

图书在版编目（CIP）数据

哈佛的6堂独立思考课/（日）狩野未希著；陈娴若译.—南昌：江西人民出版社，2016.12（2017.5重印）
ISBN 978-7-210-07489-2

Ⅰ.①哈… Ⅱ.①狩…②陈… Ⅲ.①思维方法
Ⅳ.①B804

中国版本图书馆CIP数据核字(2016)第308549号

SEKAI NO ELITE GA MANANDEKITA "JIBUN DE KANGAERU CHIKARA" NO JUGYOU
by Miki Kano，Illustrated by Tomoko Ishikawa
Copyright © 2013 Miki Kano
All rights reserved
Original Japanese edition published by Nippon Jitsugyo Publishing Co., Ltd.

Simplified Chinese translation copyright © 2017 by Ginkgo(Beijing) Book Co., Ltd. Industry.
This Simplified Chinese edition published by arranged with Nippon Jitsugyo Publishing Co., Ltd., Tokyo, through HonnoKizuna, Inc., Tokyo, and BARDON-CHINESE Media Agency

版权登记号：14-2016-0341

# 哈佛的6堂独立思考课

著：［日］狩野未希　译者：陈娴若　责任编辑：王华　钱浩
出版发行：江西人民出版社　印刷：北京京都六环印刷厂
889毫米×1194毫米　1/32　6印张　字数114千字
2017年4月第1版　2017年5月第3次印刷
ISBN 978-7-210-07489-2
定价：36.00元
赣版权登字 -01-2016-923

后浪出版咨询(北京)有限责任公司常年法律顾问：北京大成律师事务所
周天晖 copyright@hinabook.com
未经许可，不得以任何方式复制或抄袭本书部分或全部内容
版权所有，侵权必究
如有质量问题，请寄回印厂调换。联系电话：010-64010019